Emily Linda Ketchiamen Tchatchoua
Marie-Louise Avana
Ebenezar Asaah

Les Changements Climatiques

Emily Linda Ketchiamen Tchatchoua
Marie-Louise Avana
Ebenezar  Asaah

# Les Changements Climatiques

Rôle et Contribution de l'arbre à l'atténuation de
ses effets dans les systèmes agroforestiers de
l'Ouest-Cameroun

Presses Académiques Francophones

**Mentions légales / Imprint (applicable pour l'Allemagne seulement / only for Germany)**
Information bibliographique publiée par la Deutsche Nationalbibliothek: La Deutsche Nationalbibliothek inscrit cette publication à la Deutsche Nationalbibliografie; des données bibliographiques détaillées sont disponibles sur internet à l'adresse http://dnb.d-nb.de.
Toutes marques et noms de produits mentionnés dans ce livre demeurent sous la protection des marques, des marques déposées et des brevets, et sont des marques ou des marques déposées de leurs détenteurs respectifs. L'utilisation des marques, noms de produits, noms communs, noms commerciaux, descriptions de produits, etc, même sans qu'ils soient mentionnés de façon particulière dans ce livre ne signifie en aucune façon que ces noms peuvent être utilisés sans restriction à l'égard de la législation pour la protection des marques et des marques déposées et pourraient donc être utilisés par quiconque.

Photo de la couverture: www.ingimage.com

Editeur: Presses Académiques Francophones est une marque déposée de Südwestdeutscher Verlag für Hochschulschriften GmbH & Co. KG
Heinrich-Böcking-Str. 6-8, 66121 Sarrebruck, Allemagne
Téléphone +49 681 37 20 271-1, Fax +49 681 37 20 271-0
Email: info@presses-academiques.com

Produit en Allemagne:
Schaltungsdienst Lange o.H.G., Berlin
Books on Demand GmbH, Norderstedt
Reha GmbH, Saarbrücken
Amazon Distribution GmbH, Leipzig
**ISBN: 978-3-8381-8994-9**

**Imprint (only for USA, GB)**
Bibliographic information published by the Deutsche Nationalbibliothek: The Deutsche Nationalbibliothek lists this publication in the Deutsche Nationalbibliografie; detailed bibliographic data are available in the Internet at http://dnb.d-nb.de.
Any brand names and product names mentioned in this book are subject to trademark, brand or patent protection and are trademarks or registered trademarks of their respective holders. The use of brand names, product names, common names, trade names, product descriptions etc. even without a particular marking in this works is in no way to be construed to mean that such names may be regarded as unrestricted in respect of trademark and brand protection legislation and could thus be used by anyone.

Cover image: www.ingimage.com

Publisher: Presses Académiques Francophones is an imprint of the publishing house Südwestdeutscher Verlag für Hochschulschriften GmbH & Co. KG
Heinrich-Böcking-Str. 6-8, 66121 Saarbrücken, Germany
Phone +49 681 37 20 271-1, Fax +49 681 37 20 271-0
Email: info@presses-academiques.com

Printed in the U.S.A.
Printed in the U.K. by (see last page)
**ISBN: 978-3-8381-8994-9**

**Dédicace**

A tous ceux qui militent pour la préservation de la Nature et sa Biodiversité !

## Avant – Propos

La présente étude a été conduite dans le cadre des travaux de fin d'étude à la Faculté d'Agronomie et des Sciences Agricoles (FASA) de l'Université de Dschang au Cameroun. Il est le fruit d'un projet de recherche mené autour du thème «*L'arbre dans les systèmes agroforestiers du département de la Ménoua : Rôle et contribution à l'atténuation des effets du changement climatique* ». Elle a principalement pour but de montrer la contribution des systèmes agroforestiers dans la séquestration du carbone et par ricochet dans la mitigation des effets du changement climatique.

Pour sa réalisation effective, nous tenons à exprimer nos sincères remerciements aux personnes et entreprises suivantes :
- ➢ African Network for Agriculture, Agroforestry and Environmental Education (ANAFE) pour le financement du projet;
- ➢ Le personnel de l'ICRAF via son Coordonnateur Régional Dr Zac TCHOUNDJEU, Alain TSOBENG, et Thaddée SADO pour leur assistance multiforme ;
- ➢ Dr Denis SONWA du Centre International de Recherche Forestière (CIFOR), pour ses multiples orientations ;
- ➢ Mme Pauline TESSA pour ses loyaux services durant toute ma vie de jeune chercheur à Dschang ;
- ➢ Mes parents, frères et sœurs, pour leurs soutiens matériel et spirituel ;
- ➢ Enfin, tous ceux qui de près ou de loin, ont sacrifié un peu de leur énergie pour m'apporter un soutien, qu'ils trouvent ici l'expression de ma profonde gratitude.

Que Dieu vous bénisse !

# Table des Matières

# Liste des tableaux

## Liste des figures

## Liste des annexes

## Abréviations et Acronymes

CARPE     : Central African Research Programme for Environment

CCNUCC : Convention Cadre des Nations Unis sur le Changement
Climatique

CIFOR      : Centre International de Recherche Forestière

CIRAD      : Centre International de Recherche Agricole pour le
Développement

FAO         : Food and Agriculture Organization of the United Nations

FASA       : Faculté d'Agronomie et des Sciences Agricoles

GIEC       : Groupe Intergouvernemental d'Expert sur l'Evolution du Climat

HNY        : Herbier National de Yaoundé

ICRAF      : World Agroforestry Centre

MDP        : Mécanisme pour un Développement Propre

OMD       : Objectif du Millénaire pour le Développement

PFNL       : Produits Forestiers Non Ligneux

REDD      : Réduction des Emissions liées à la Déforestation et à la
Dégradation des forêts

SCUC      : Southampton Centre for Underutilised Crops

UDS        : Université de Dschang

WCA       : West and Central Africa

# Résume

La présente étude vise à identifier le rôle de l'arbre dans les systèmes de productions agroforestiers du département de la Ménoua, et l'évaluation de leur contribution à l'atténuation des effets du changement climatique. Spécifiquement, il s'agissait d'inventorier les espèces arborescentes utilisées dans les systèmes de production du Département de la Menoua, d'identifier les différentes utilisations de l'arbre dans ces systèmes agroforestiers et enfin, d'évaluer le stock moyen de carbone séquestré dans ces arbres pour la mitigation des effets du changement climatique. Une fiche d'inventaire a été établie pour le dénombrement des différentes espèces et leur diamètre à hauteur de poitrine. En fonction de l'altitude, trois sites d'études ont été sélectionnés. Dans chacun des sites, les systèmes de production agroforestiers les plus représentés ont été répertoriés et caractérisés.

Les résultats d'inventaire dévoilent que la zone de Nteingué possède 21 espèces réparties dans 14 familles tandis que celles de Dschang et de Djuttitsa comptent respectivement, 20 et 15 espèces pour 16 et 12 familles. Ces espèces sont en majorité des fruitiers. Dans les parcelles de production, les arbres jouent prioritairement un rôle alimentaire (41 %), médicinal (22 %) et pour l'ombrage (10 %). La promotion de la plantation des arbres permettrait d'améliorer les conditions de vie des producteurs. Les systèmes de production de la zone de Dschang sont les plus diversifiés avec un indice de diversité de Shannon de 2,94 dans les jardins de cases. Les différents systèmes identifiés conservent et piègent du carbone. La variation du stock de carbone entreprise dans la présente étude montre que, dans la zone de haute altitude (Djuttitsa), les haies-vives conservent plus de carbone (406,11 t/ha) que les autres systèmes. Tandis que, en basse altitude les cacaoyères de Nteingué conservent mieux (67,17 t/ha) de carbone que les autres systèmes. Les caféières robusta de Nteingué piègent et conservent plus de carbone (45,97t$_c$/ha) que les caféières arabica de Dschang et Djuttitsa qui ont respectivement 19,14 et 18,61 t/ha. Ce faisant, ces différents systèmes contribuent à la mitigation des effets du changement climatique.

A la lumière des résultats, l'étude recommande une intensification de la domestication dans la zone d'étude afin d'améliorer qualitativement et quantitativement la production fruitière et arboricole, une prise en compte des systèmes agroforestiers dans le cadre des projets liés au Mécanisme de développement propre.

# Abstract

This study is aimed at the identification of the role played by trees in agroforestry systems in humid savannah zones of Cameroon and the evaluation of their contribution in mitigating climate change. The objectives were to carry out an inventory of tree species used in agroforestry systems in Menoua Division, to identify the different uses of trees in those systems and lastly to evaluate the average amount of carbon stocked by these systems for an effective mitigation of climate change effects. A form was established to survey the different tree species encountered in the system and take their diameter at breast height. Based on altitudes, three study sites were selected. In each site, the most represented agroforestry production systems were identified and characterized.

The results of survey reveal that the zone of Nteingué recorded 21 tree species, belonging to 14 families, whereas those of Dschang and Djuttitsa had 20 and 15 species, belonging to 16 and 12 families respectively, of which most were fruit trees. In the farming system, trees played principally nutritive (41 %), medicinal (22 %) and shade (10 %) roles. Therefore, promoting tree domestication could help in improving the living standards of farmers. The production systems of the zone of Dschang are the most diversified with a Shannon diversity index of 2,94 in home gardens. The different systems identified trapped and stocked carbon. The variation in the stock of carbon recorded in this study reveals that, in the high altitude zone (Djuttitsa) live fence conserve more carbon (406.11 t/ha) than other systems. While in low altitude, cocoa farms of Nteingué stocked more (67.17 t/ha) carbon compare to other system. *Coffea robusta* systems in Nteingué trapped and stocked 45.97 t/ha better than *Coffea arabica* based systems in Dschang and Djuttitsa which recorded 19.14 and 18.61 t/ha respectively.

From these figures it is evident that these systems contributed in the mitigation of effects of climate change; and as a consequence the following recommendations are suggested: intensification of tree domestication to improve quality and quantity of tree products from farms and the promotion of agroforestry systems in the framework of Clean Mechanism Development project as an incentive to producing farmers.

# Chapitre I : Introduction

## 1.1. Contexte

Sous l'effet de la croissance démographique et du développement économique, l'homme est amené à exercer une pression sans cesse croissante sur les ressources qui l'entourent afin de satisfaire ses besoins et d'améliorer son bien-être. Cette pression n'est pas sans conséquence sur l'environnement. Depuis bientôt trois décennies, les scientifiques ont mis en évidence les relations très étroites qui existent entre les activités humaines, la teneur des gaz dans l'atmosphère et les changements climatiques. Parmi les activités humaines identifiées comme étant les plus préjudiciables au climat, deux types émettent plus de dioxyde de carbone ($CO_2$) : la combustion de l'énergie fossile (pétrole, charbon, gaz) et la dégradation des forêts. Le secteur forestier est responsable de 17,4 % des émissions annuelles de $CO_2$ dans l'atmosphère. La conservation et la restauration des forêts pourraient jouer un rôle important dans l'adoucissement du climat en raison des fortes densités de carbone stockées dans leur végétation et de leur potentiel à absorber le carbone de l'atmosphère (Lescuyer et Locatelli, 1999).

Plusieurs mesures sont aujourd'hui proposées pour atténuer les effets du changement climatique. Par ailleurs, les négociations internationales sur les changements climatiques relatives aux forêts ont évolué et ont contribué à la mise en place des mécanismes qui mettent un accent sur le maintien, la reconstitution et la création du potentiel forestier comme puits de carbone. Parmi ces mécanismes, on peut citer le Protocole de Kyoto (1997) qui, dans le cadre du Mécanisme de Développement Propre (MDP), offre la possibilité de transfert de crédits de carbone pour aider les pays développés à réduire leur émission de gaz à effets de serre à travers les boisements et reboisements effectués dans les pays en développement. Plus intéressant encore, sont les négociations en cours sur la Réduction des Emissions liées à la Déforestation et à la Dégradation des forêts (REDD) qui pourraient prendre en compte des émissions de carbone évitées non seulement par la gestion durable des forêts, mais aussi par l'aménagement des prairies, et pâturages, la restauration des terres dégradées, l'amélioration des techniques agricoles et l'agroforesterie (Agoumi et Stour, 2009). Les crédits de carbone générés par ces différents mécanismes pourraient aider à financer les activités relatives au développement durable du secteur forestier (Karsenty et Blanco, 2002). Ceci peut expliquer la multiplicité des campagnes de reboisement promues par la politique forestière et environnementale aux niveaux national et sous régional. A coté de ces actions de reboisement, les nouvelles initiatives tendent à identifier, à caractériser et à promouvoir les systèmes de productions agricoles fournissant un bon bilan de carbone. D'où l'intérêt sans cesse croissant aujourd'hui accordé à l'agroforesterie.

Dans la plupart des régions africaines, les pratiques agroforestières ont toujours été une composante importante de l'utilisation locale des terres et des systèmes de gestion des ressources (Peter et Elijah, 1988). En intégrant les arbres dans les exploitations agricoles, l'agroforesterie offre la possibilité d'accès aux gammes variées de Produits Forestiers ligneux et Non Ligneux (PFNL) incluant : Aliments, bois de chauffe, matériels de construction, plantes médicinales et produit animal, en addition aux produits agricoles. Elle permet ainsi de diversifier la production afin d'améliorer les conditions sociales, économiques et environnementales. Cependant, le choix des arbres utilisés est fortement lié au système de production et le choix de l'espèce à cultiver est fonction de la valeur économique de ses produits (Kamga, 2002). C'est ainsi que dans les agroforêts à base de cacao de la Région du Sud Cameroun, les paysans gèrent les espèces comme *Dacryodes edulis*, *Irvingia gabonensis*, et *Elaeis guineensis*, qui fournissent les PFNL, ainsi que *Terminalia superba* et *Milicia excelsa*, produisant du bois d'œuvre de haute valeur commerciale auquel on pourrait ajouter des fruitiers exotiques tels que *Persea americana*, *Mangifera indica* et *Citrus sp.* (Sonwa et *al*, 2001). En plus de cette importance socio-économique, l'agroforesterie est également reconnue pour ses multiples services environnementaux parmi lesquels, la conservation des sols, la lutte contre l'érosion et la séquestration du carbone.

Les systèmes agroforestiers représentent donc une forme possible d'agriculture conciliant production durable et respect de l'environnement. En effet, à travers la séquestration du carbone et l'absorption du $CO_2$ dans l'atmosphère, l'agroforesterie contribue à réduire les émissions de gaz à effet de serre et donc à atténuer les effets du changement climatique (Torquebiau, 2007). La séquestration du carbone par les écosystèmes terrestres est de plus en plus admise comme approche pour atténuer les effets du changement climatique. La connaissance du stock de carbone des formations végétales est donc nécessaire pour mieux planifier leur utilisation dans les programmes de mitigation des changements climatique (Eyoho et *al.*, 2008). Selon Brown (1995), en Afrique tropicale, l'agroforesterie piège et conserve environ 2,63 gigatonnes de carbone et le reboisement 0,9 gigatonne de carbone. L'étude menée par Eyoho et *al,* (2008) au Sud-Ouest Cameroun a montré que les agroforêts à base de cacao stockent en moyenne 73,6 tonnes de carbone par hectare dont 52,5 % proviennent des cacaoyers et 47,5 % des arbres/plantes associés aux cacaoyers.

## 1.2. Problématique

La pression démographique et les déséquilibres économiques résultantes entraînent dans la quasi totalité de la zone tropicale humide, une accélération de la déforestation sans que l'on puisse observer en contre partie de notable progrès dans l'établissement des systèmes de productions rentables tant du point de vue socioéconomique qu'agroécologique (Puig et *al*, 1993). Néanmoins, selon Jouve (2004), une augmentation de la densité de la population entraîne une modification des modes d'exploitation agricoles pratiqués par cette dernière.

A l'Ouest Cameroun, la répartition et l'organisation de la végétation est fortement influencée par l'occupation humaine (Gautier, 1994). C'est ainsi que l'arbre est un élément dominant des systèmes de culture et d'élevage Bamiléké (Gautier, 1989). Plusieurs facteurs ont de ce fait été déterminant pour leur introduction dans les parcelles cultivées, notamment la forte pression démographique, l'association de l'élevage à l'agriculture qui implique la clôture des parcelles, et la nécessité pour chaque ménage de couvrir ses besoins en produits forestiers (Gautier, 1994). Ainsi, quatre systèmes agroforestiers y ont été identifiés notamment :

- Les caféières ombragées situées en bas de pente avec des densités d'arbres de l'ordre de 70 pieds/ha et des arbustes à des densités de l'ordre de 180 pieds/ha ;
- Les champs vivriers permanents disposés aux abords des cases cultivées de manière intensive où les arbres sont moins abondants et les arbustes augmentent à 250 pieds/ha et les ligneux d'intérêt alimentaire y sont bien représentés ;
- Les champs d'arachides et de pomme de terre qui ont une faible affinité avec les espèces ligneuses reléguant la densité des arbustes à 130 pieds /ha ;

- Les champs de maraîchage qui sont des systèmes de culture excluant l'arbre de la parcelle à cause de leur hyperheliophilie.

Les rôles des arbres dans ces différents systèmes sont fonction de la situation topographique de la concession, et de la stratégie d'exploitation des paysans. Toutefois, on observe de plus en plus une régression de l'utilisation de l'arbre dans les domaines les plus densément peuplés du plateau (Gautier, 1994). Par ailleurs, très peu d'études ont été jusqu'ici consacrées à l'analyse de ces systèmes en cours de dégradation. Les informations manquent sur la diversité spécifique de cette composante arborescente de ces « agroforêts ». Face aux enjeux actuels liés aux changements climatiques, il s'avère nécessaire d'évaluer le bilan de carbone de ces systèmes afin d'en déduire leur contribution à la mitigation des effets néfastes du réchauffement du climat. C'est à cet effet que la présente étude a été proposée afin de renforcer l'utilisation de l'arbre dans les systèmes de production de la région de l'Ouest du Cameroun, notamment dans le Département de la Ménoua Ce faisant, elle devra apporter des réponses aux préoccupations suivantes :

- Quelles sont les espèces arborescentes utilisées dans les systèmes de production des savanes humides du Cameroun ?
- Quelles sont les différentes utilisations de l'arbre dans ces systèmes agroforestiers?
- Comment l'arbre dans ces systèmes contribue-t-il à la lutte contre le changement climatique ?
- Quelle est la quantité de carbone séquestrée par ces arbres dans ces systèmes ?

## 1.3. Objectifs

### 1.3.1 Objectif principal

Ce travail vise à identifier le rôle de l'arbre dans les systèmes de productions agroforestiers du Département de la Ménoua, tout en évaluant leur contribution à l'atténuation des effets du changement climatique.

### 1.3.2 Objectifs spécifiques

Il s'agit plus spécifiquement :
- ✓ De caractériser les systèmes agroforestiers de la zone d'étude ;
- ✓ D'inventorier les espèces arborescentes utilisées dans les systèmes de production de cette zone ;
- ✓ D'identifier les différentes utilisations de l'arbre dans ces systèmes agroforestiers ;
- ✓ D'évaluer le stock moyen de carbone séquestré dans ces systèmes pour la mitigation des effets du changement climatique.

## 1.4. Importance

Cette étude revêt une double importance sur les plans pratique et théorique :
- A. Sur le plan théorique, elle enrichira la base de données existante sur les différents rôles des arbres dans les systèmes agroforestiers de la Région de l'Ouest du Cameroun. Cette base de données est d'autant plus importante du fait qu'il existe peu d'études réalisées dans ce domaine.
- B. Sur le plan pratique,
  - a) L'étude tout en attirant l'attention des services forestiers sur les contributions non seulement socio-économique, mais aussi environnementale (lutte contre le changement climatique, contre

l'érosion éolienne, la dégradation des sols, etc) des arbres préservés ou plantés dans les parcelles de production, concourra à la promotion de l'introduction des arbres dans les systèmes de culture.

b) Les quantités de carbone obtenues des systèmes agroforestiers pourront soutenir l'inscription de ces systèmes sur le marché de carbone. Ce faisant, ces systèmes constituent un outil indispensable à la gestion durable de l'environnement contribuant de ce fait à l'atteindre l'objectif 7 des Objectifs du Millénaire pour le Développement (OMD) qui est d'assurer un environnement durable.

## Chapitre 2 : Revue de la Littérature

### 2.1. Définition des concepts

Cette analyse s'appuie sur les concepts suivants : Agroforesterie, systèmes agroforestiers, mitigation et changement climatique.

### 2.1.1. Agroforesterie

Selon Leakey (1996), l'agroforesterie est une approche dynamique et écologique de gestion des ressources naturelles, qui à travers l'intégration des arbres sur l'espace agricole, diversifie et maintient la production aux fins d'augmenter les bénéfices sociaux, économiques et environnementaux des producteurs. D'une manière générale, l'agroforesterie peut être considérée comme un " Terme collectif pour des systèmes et des techniques d'utilisation des terres où des ligneux pérennes (arbres, arbustes, arbrisseaux et sous-arbrisseaux, et par assimilation palmiers et bambous) sont cultivés ou maintenus délibérément sur des terrains utilisés par ailleurs pour la culture et/ou l'élevage, dans un arrangement spatial ou temporel, et où sont exploitées des interactions à la fois écologiques et économiques, pas forcément stables dans le temps entre les ligneux et les autres composantes du système (Carpentier et *al.*, 2004). La particularité de cette définition est l'introduction délibérée de l'arbre dans les systèmes de production. Les systèmes agroforestiers se distinguent par trois (3) aspects essentiels à savoir : leur fonctionnement basé sur des relations interspécifiques (compétition, facilitation) ; ils offrent une biodiversité constitutive élevée et ils produisent une multiplicité de produits et de services environnementaux (Renoir, 2006).

Selon Dondjang (2006), on distingue en fonction de la nature des composantes associées, trois systèmes agroforestiers universellement utilisés à savoir : les systèmes agrosylvicoles (arbres avec culture); systèmes sylvopastoraux (arbres avec élevage) et les systèmes agro-sylvopastoraux (inclusion des arbres, des cultures et des animaux). D'après Beer et *al.* (2001), Plusieurs pratiques ou technologies rentrent dans les systèmes agro sylvicoles parmi lesquelles :

- Les plantations de cultures pérennes sous couvert arboré telles que le café ou le cacao ;
- Les cultures en couloirs et les haies vives utilisées généralement pour les cultures annuelles, ceci pour améliorer les propriétés fertilisantes du sol ou pour réduire l'érosion sur les pentes ;
- Les jachères améliorées à base d'arbres ou d'arbustes fertilisants
- les haies vives où les arbres sont plantés à la lisière des champs agricoles, et servent de clôtures et ou de brise-vent.

### 2.1.2. Mitigation

Selon la FAO (2008), la mitigation est l'ensemble de mesures visant à réduire les émissions de gaz à effet de serre par sources et/ou accroître l'élimination du gaz carbonique par les puits de carbone. Les mesures d'atténuation visant à réduire les émissions de gaz à effet de serre peuvent contribuer à éviter, atténuer ou retarder de nombreux impacts du changement climatique.

### 2.1.3. Changement climatique

Le changement climatique désigne de lentes variations des caractéristiques climatiques en un endroit donné, au cours du temps (Onguene, 2008). Ces changements peuvent être dus à des processus intrinsèques à la terre ou à des influences extérieures tels que l'intensité du rayonnement solaire et la variation de l'activité solaire. Ce changement peut aussi être dû aux activités humaines comme le signale la définition de la Convention Cadre des Nations Unis sur le Changement Climatique (CCNUCC) (Nations Unis, 1992). Selon cette convention, les changements climatiques désignent "*les changements de climat qui sont attribués directement ou indirectement à une activité humaine altérant la composition de l'atmosphère mondiale et qui viennent s'ajouter à la variabilité naturelle du climat observée au cours des périodes comparables*" (Nations Unis, 1992). L'activité humaine est ainsi la principale cause des changements climatiques car l'homme pour son épanouissement utilise de grandes quantités d'énergie fossile (pétrole, gaz), développe l'industrie et l'agriculture qui sont des sources d'émission de gaz à effet de serre.

## 2.2. Espèces agroforestières

Dans les systèmes agroforestiers, une attention particulière est portée aux arbres et aux arbustes pérennes polyvalents. Les plantes polyvalentes les plus importantes sont les légumineuses à cause de leur capacité à fixer l'azote et à le transformer en nutriment pour elles-mêmes et pour d'autres plantes associées. Selon Sonwa et al (2001), les arbres conservés pour l'ombrage par les agriculteurs camerounais, avant l'installation des cacaoyères, regroupent : *Terminalia* spp, *Milicia excelsa*, *Albizzia spp, Alstonia boonei, Ficus vogeliana, Ficus exasperata, Entandophragma sp., Antrocaryon sp., Pycnanthus angolensis, Canarium schweinfurthii* et *Spathodea campanulata*. Une analyse de ces cacaoyères a permis d'inventorier au moins 11 espèces d'arbres réparties dans 10 familles. Dans les hautes terres sub-humides de l'Ouest-Cameroun, on trouve sur les flancs des collines des haies-vives de *Polyscias fulva*, et près des maisons, les pieds de *Canarium schweinfurthii* sont associés aux palmiers à huile et à différents fruitiers locaux ou exotiques tels que *Dacryodes edulis, Persea americana, Mangifera indica, Citrus sp* etc, Dans les bas-fonds, les raphiales sont conservées. Ousmanou (2006) a estimé à plus de 1,13 les indices de diversité, de Shannon pour les jardins de case à base de caféiers dans plusieurs villages de la région de l'ouest Cameroun, ce qui indique une diversité spécifique assez élevée. Chez certains agriculteurs, on trouve également des plantations forestières avec des espèces de bois d'œuvre telles qu'*Entandrophragma spp.* et *Podocarpus mannii* (Djoukam, 2008). Le tableau 1 présente quelques espèces d'arbres utilisés dans les systèmes agroforestiers ainsi que leurs principales utilisations (Tim, 2007).

**Tableau 1:** Quelques principales espèces d'arbres utilisés dans les systèmes agroforestiers

| Espèce | Nom commun | Usages principaux |
| --- | --- | --- |
| *Bursera simaruba* | Gommier rouge | Haie vive, bois de chauffage, fourrage |
| *Calliandra calothyrsus* | Calliandra | Bande de végétation, amélioration des jachères, brise-vent, bois de chauffage |
| *Erythrina berteroana* | Poro, immortelle naine | Haie vive, fourrage, fertilisation |
| *Faidherbia albida* | Cad, faidherbier | Fourrage, fertilisation |
| *Gliricidia sepium* | Gliricidia | Haie vive, fourrage, combustible, bois de service |
| *Leucaena leucocephala* | Leucaena | Culture en bande, conservation du sol, aliment, fourrage |
| *Moringa oleifera* | Moringa, néverdié | Haie vive, couverture rapide, aliment, médicinal |
| *Senna siamea* | Cassia de Siam, casse | Terrasse, combustible, fixation d'azote |
| *Sesbania sesban* | | Couverture rapide, fixation d'azote |

**Source** : Tim, 2007

## 2. 3. Utilisations et densités de l'arbre dans les systèmes agroforestiers

### 2.3.1. Utilisations

La rationalité technique qu'introduit l'agroforesterie moderne commande que soient pris en compte les besoins fondamentaux des paysans en intégrant leur perception de l'environnement et leur échelle de valeurs socioculturelles (Bognounou, 1994). Ainsi, les différentes utilisations de l'arbre montrent le rôle essentiel qu'il joue dans la vie des habitants d'une région. Parmi ces rôles on peut citer : source d'aliment, de médicament, de revenues (commercial), et d'énergie.

#### *2.3.1.1. Usage nutritionnel*

La majorité des espèces d'arbres rencontrés dans les systèmes agroforestiers fournissent des feuilles, fleurs, fruits et graines qui apportent aux populations un complément alimentaire qualitatif et quantitatif important. Par exemple, le safoutier *(Dacryodes edulis)* fournit des fruits appelés safous qui se consomment après cuisson en plat de résistance avec du plantain, du manioc, du maïs ou encore du pain. La pulpe de safou, contient des éléments nutritifs tels que les acides gras, les acides animés, les vitamines et les sels minéraux importants pour la sécurité nutritionnelle des populations (SCUC, 2006). De nombreuses autres espèces ligneuses fruitières fournissant des produits comestibles ont été inventoriées dans les systèmes de production des paysans dans les différentes zones agro écologiques du Cameroun. Ainsi en zones forestières, les fruitiers les plus rencontrés sont *Irvingia gabonensis, Ricinodendron heudelotii, Dacryodes edulis, Spondias cythera, Persea americana, Manguifera spp* et divers Citrus (Sonwa et *al.*2001). Dans les zones de savane humide, les données disponibles indiquent la présence de *Cola spp., Canarium schweinfurthii* et *Garcinia kola, spp,*et *Elaeis guineensis* en plus des fruitiers exotiques sus mentionnés.

Dans les régions soudano guinéennes et sahéliennes on note la présence des Jujubiers *(Ziziphus mauritiana)*, du Tamarinier *(Tamarindus indica)* et du *Phoenix dactilifera*. Le tableau 2 présente quelques espèces agroforestières ayant une valeur socioéconomique au Nigeria.

**Tableau 2 :** Espèces ayant une valeur socioéconomique au Nigeria (Okafor , 1999)

| Noms botaniques | Familles | Nom vernaculaire (ibo, Anglais) | Partie de la plante consommée | Type d'aliment |
|---|---|---|---|---|
| **Arbres** | | | | |
| *Chrysophyllum albidum* | Sapotaceae | Udara, star apple | Pulpe de fruits | Fruits de bouche |
| *Dacryodes edulis* | Burseraceae | Ube, pear | Pulpe de Fruits | Fruits de bouche |
| *Dannettia tripetala* | Annonaceae | Mmimi | Fruits | Epices |
| *Garcinia kola* | Clusiaceae | Akuilu, bitter kola | Graines | stimulant |
| *Irvingia gabonensis* | Irvingiaceae | African mango | Fruit/graines | Pulpe de fruits, Graines comme condiment |
| *Monodora myristica* | Annonaceae | Ehuru, nutmeg | Graines | Épices |
| *Pentaclethra macrophylla* | Fabaceae | Ukpaka, oil bean | Graines | Produits fermentés |
| *Pterocarpus mildbraedii* | Fabaceae | Oha | feuilles | Légumes feuilles |
| *P. santalinoides* | Fabaceae | Nturukpa | feuilles | Légumes feuilles |
| *P. soyauxii* | Fabaceae | Oha | feuilles | Légumes feuilles |
| *Treculia africana* | Moraceae | ukwa, breadfruit | Noix | Noix grillées |
| *Xylopia aethiopica* | Annonaceae | Uda | Graines | Epices |
| **Plantes grimpantes** | | | | |
| *Dioscoreophyllum cumminsii* | Menispermaceae | utobili, serendipity berry | Fruits | Edulcorant |

| | | | | |
|---|---|---|---|---|
| *Gnetum africanum* | Gnetaceae | <u>Okazi</u> | Feuilles | Légume feuille |
| *G. buchholzianum* | Gnetaceae | <u>Okazi</u> | Feuilles | Légume feuille |
| *Gongronema latifolium* | Sapotaceae | <u>Utazi</u> | Feuilles | Légume feuille |
| *Piper guineense* | Piperaceae | <u>Uziza</u>, Guinea pepper | Graines | Epices |
| *Plukenetia conophora* | Euphorbiaceae | <u>Ukpa</u>, conophor | Noix | Noix |
| **Arbustes** | | | | |
| *Vernonia amygdalina* | Asteraceae | <u>Onugbu</u>, bitter leaf | Feuilles | Légume feuille |

**Source :** Okafor, 1999

### 2.3.1.2. Usage médicinal

Plusieurs espèces agroforestières sont utilisées aussi bien en médecine traditionnelle, en pharmacologie et dans les industries pharmaceutiques. Parmi les préparations médicales à base de plantes, l'on peut citer un baume contre l'arthrite à base de feuilles de *Senna tora* et un thé anti-malaria à base de *Morinda lucida*, *Azadirachta indica*, *Carica papaya* et *Cymbopogon citratus*. Des savons pharmaceutiques sont également fabriqués à partir de feuilles de plusieurs espèces telles que *Aloe vera*, *Senna alata*, *Azadirachta indica* et *Lonchocarpus cyanescens* (Okafor, 1995). Au Burkina-Faso, les feuilles d'*Azadirachta indica*, *Eucalyptus sp* et certains fruitiers sont utilisés pour soigner le paludisme et les maux de ventre (Nouvellet, 1992). Les graines de l'Aiélé (*Canarium schweinfurthii*), posséderaient des propriétés médicinales notamment pour soigner la dysenterie, l'angine et les rougeurs fessières du nourrisson (Kengué *et al*, 2000). D'autres espèces telles que *Prunus africana*, *Pausynistalia yohimbe*, *Annikia chloranta* et *Alstonia boonei* ont des valeurs pharmaceutiques confirmées et sont en cours de domestication par les paysans sous l'encadrement de l'ICRAF (Tchoundjeu et al., 2008).

### 2.3.1.3. Usage commercial

La plupart des produits des arbres sus mentionnées alimentent un marché local, régional et ou international de plus ou moins grande envergure et constitue une source de revenus non négligeable pour les producteurs. Des données publiés par FAO (2001) permettent de mieux appréhender l'importance économique des produits des arbres et leur relation avec les cultures pérennes où d'après les projections, les graines de *Cola acuminata*, ont été commercialisées à hauteur de 221 990 000 FCFA et 99 656 000 FCFA respectivement en 1995 et 1996. La valeur de ces produits a des conséquences, à la fois sur le potentiel de développement commercial et sur la nécessité d'une conservation à grande échelle des espèces dont ils sont tirés (Okafor ,1995). Selon Spore (2008), les revenus tirés des produits des arbres sont bien supérieurs à la valeur perdue en rendement agricole de 6,5 € par hectare (soit 4 265 Fcfa).

### 2.3.1.4. Services environnementaux

L'agroforesterie permet une production durable et garantit la sauvegarde de la fertilité du sol à long terme. Les arbres et les haies de légumineuses contribuent au recyclage des éléments nutritifs et à l'approvisionnement du système en carbone (C) et en azote (N). La forte production en biomasse du système agroforestier peut être valorisée pour améliorer la production végétale (Konig, 2007). L'agroforesterie est particulièrement importante dans le cas de terrains accidentés où les activités agricoles peuvent rapidement entraîner une forte érosion du sol. Du point de vue agronomique, les arbres, leurs racines, et les champignons associés permettent de lutter contre l'érosion et de recharger le sol en matières organiques. Ils contribuent également à lutter contre la salinisation et les inondations par la limitation du ruissellement responsable des pics de crue des rivières. Par ailleurs, le maintien de ces arbres dans les systèmes de production agroforestiers et leur croissance permet non seulement d'éviter l'émission dans l'atmosphère des quantités importantes de carbone mais aussi d'absorber le $CO_2$ émis par d'autres secteurs d'activités pour alimenter leur croissance. Ces actions de réduction d'émission et de fixation de $CO_2$ contribuent à adoucir le climat et à améliorer l'environnement mondial.

### 2.3.1.5. Usage socio-culturel

Selon Djongang (2004), la plupart des espèces agroforestières présentent aussi des fonctions culturelles. Parmi les espèces agroforestières ayant des fonctions culturelles on peut citer:

- L'arbre de paix (*Dracaena deisteliana*), utilisé comme l'indique son nom, pour symboliser la paix vers les autres ou vers soi-même. Suffrutescent ou presque arbustif, il est planté en limite ou à l'entrée du village ou de la concession. Il est utilisé comme symbole de bienvenue et de paix à l'attention des voisins et des étrangers.
- Le safoutier (*Dacryodes edulis*), dont la sève desséchée et brûlée chasse, dit-on, les mauvais esprits et les autres phénomènes mystiques, fait partie des arbres les plus consacrés.
- Le *Tephrosia sp.* , ou «Messang» en langue locale Dschang dans la région de l'Ouest du Cameroun, est très prisé lors des cérémonies sacrificielles car il est censé receler des pouvoirs magiques insoupçonnables.
- Le *Vernonia amygdalina*, ou «Mekang» en langue Dschang, est utilisé pour ses feuilles qui servent à transmettre un message de malédiction ou à déclarer la guerre.

## 2. 3.2. Densité des arbres dans les systèmes agroforestiers

Selon Sonwa et *al.* (2002), *Dacryodes edulis*, *Ricinodendron heudelotii* et *Irvingia gabonensis* ont des densités moyennes respectives de 4,1 et moins de 1 (0,46 – 0,82) arbre/ha dans les agroforêts à base de cacaoyers cacao du Sud-Cameroun. Cependant, *Persea americana* et *Mangifera indica* deux espèces les plus plantées par les cacaoculteurs, ont des densités moyennes de 22 pieds/ha. Les densités des arbres dans les systèmes varient en fonction de plusieurs facteurs parmi lesquels, la superficie de la parcelle, le mode de gestion et les types de cultures associées, etc.

## 2.4. L'arbre, la forêt et les changements climatiques

### 2.4.1. Causes du changement climatique

MacIver (1997) souligne que les causes du changement du climat mondial sont notamment l'accroissement dans l'atmosphère des teneurs de gaz à effet de serre tels que le dioxyde de carbone, le méthane, l'oxyde nitreux et l'ozone. Le même auteur affirme que depuis le début du siècle, il semble que l'activité de l'homme soit la principale cause de l'accroissement des émissions de $CO_2$. L'humanité rejette actuellement 6 Gt (gigatonne = milliard de tonnes) d'équivalent de carbone par an dans l'atmosphère, soit environ une tonne par habitant. Parmi les secteurs d'activité anthropique les plus émetteurs, on cite par ordre d'importance la production d'énergie (25.9 %), l'industrie (19.4%), la forêt (17.4 %) et l'agriculture (13.5 %) (GIEC, 2007). Si dans les pays industrialisés la première source d'émission provient des consommations de l'énergie fossile, l'essentiel des émissions dans les pays en développement provient des changements d'utilisation des terres, c'est-à-dire du déboisement. Le GIEC évalue à près de 600 tonnes de $CO_2$ la valeur en carbone d'un hectare de forêt tropicale humide qui serait perdue par déforestation *Sensus stricto*. Par ailleurs, si l'on prend en compte le fait que l'agriculture constitue le premier facteur mondial de déforestation, on comprendrait plus aisément la nécessité de concilier ces deux secteurs pour une lutte efficace contre le changement climatique.

## 2.4.2. Effets du changement climatique

Les effets du changement climatique sont à l'origine d'une grande injustice. Les pays riches, qui rejettent des gaz à effet de serre depuis des décennies (et qui se sont, ce faisant, enrichis), sont à l'origine du problème. Mais ce sont les pays pauvres qui seront les plus touchés et qui devront affronter une aggravation des problèmes liés aux sécheresses, aux inondations, à la faim et aux maladies (Oxfam ,2007). Le changement climatique conduit à la dégradation des terres et la déforestation, ce qui cause de large migration des populations. Plus encore, il peut aussi conduire aux conflits sur les terres et l'accès aux ressources (CIFOR, 2007).

## 2.4.3. Différentes formes de lutte contre le changement climatique

Deux principales mesures sont envisagées : Les mesures d'adaptation visant à réduire la vulnérabilité de l'homme aux impacts possibles de gaz à effet de serre et les mesures d'atténuations qui visent à réduire les émissions de gaz à effet de serre sont des interventions en réponse aux changements climatiques (GIEC, 2007). Des mesures d'adaptation seront donc nécessaires pour compléter les stratégies d'atténuation des effets du changement climatique.

### 2.4.3.1. Adaptation

Les mesures d'adaptation sont les activités qui réduisent au minimum les impacts négatifs du changement climatique ou qui nous permettent de tirer profit de nouvelles occasions (GIEC, 2007). Ainsi, Les effets se font déjà sentir chez les communautés vulnérables, qui ont commencé à adapter leurs modes de vie à cette nouvelle réalité. L'adaptation concerne l'ensemble des domaines de notre vie sociale et économique parmi lesquels le plus important reste l'agriculture.

**L'agriculture** offre à la fois des possibilités d'adaptations et d'atténuation des effets du changement climatique. Parmi les possibilités d'atténuation, on note la préservation des forêts qui présente un potentiel considérable d'absorption du $CO_2$ ; une meilleure gestion des terres agricoles qui passera par la réduction du labourage pouvant aider à la séquestration du carbone dans le sol, ainsi que par la diversification des cultures qui va aider à garantir des revenus et de la nourriture aux agriculteurs (Ronak et Niranjan, 2009). L'adaptation dans le secteur agricole réfère à l'usage des différentes ressources, des sites ou des techniques pour maintenir le même niveau de récolte sous des circonstances altérées (CIFOR, 2007). Ainsi, L'agroforesterie apparaît par ailleurs comme une stratégie d'adaptation de l'agriculture au changement climatique par la modification du microclimat au bénéfice des cultures sous-jacentes, ainsi que par la conservation et la création de la biodiversité ou encore la séquestration du carbone (CIRAD, 2007). Elle contribue aussi à augmenter le revenu des populations et à la rétention de l'humidité du sol.

### 2.4.3.2. Mitigation

La mitigation ou l'atténuation signifie, non seulement réduire à court terme les émissions de gaz à effet de serre et piéger ou emmagasiner le carbone, mais aussi choisir des systèmes de développement qui, en réduisant les émissions, diminueront à long terme les risques (FAO, 2007). Les mesures d'atténuation varient ainsi suivant les secteurs d'activités notamment en agriculture et en foresterie.

- **Agriculture**

  Ici, une grande partie du potentiel d'atténuation provient du piégeage du carbone dans les sols, dont l'action synergique est considérable dans le cas d'une agriculture viable et qui diminue en règle générale, la vulnérabilité aux changements climatiques. En 2007, le Groupe Intergouvernemental d'Expert sur l'Evolution du Climat (GIEC) souligne ainsi que l'amélioration de la gestion des terres cultivées et des pâturages visant à augmenter le stockage du carbone dans les sols est une des techniques d'atténuation des effets du changement climatique. On peut aussi citer la réhabilitation des sols tourbeux cultivés et des terres dégradées, l'amélioration de la gestion du bétail et du fumier pour réduire les émissions de méthane ($CH_4$), l'amélioration des techniques d'épandage des engrais azotés pour réduire les émissions de $N_2O$ et la culture des végétaux producteurs de biocarburant pour remplacer les combustibles fossiles (GEIC ,2007).

- **Foresterie**

  En foresterie, les mesures d'atténuation peuvent être conçues et appliquées de manière à être compatibles avec l'adaptation. Elles peuvent dégager d'importants avantages connexes en matière d'emploi, de génération de revenus, de biodiversité, de préservation des bassins hydrographiques, et d'approvisionnement en énergies renouvelables. GEIC (2007) affirme que le boisement, le reboisement, la gestion forestière, la diminution du déboisement, la gestion de l'exploitation forestière et l'emploi de produits forestiers, en tant qu'énergie verte pour remplacer les combustibles fossiles peuvent-être utilisés comme des techniques d'atténuation des effets du changement climatique.

### 2.4.4. Contribution de l'agroforesterie à la mitigation des effets du changement climatique

L'agroforesterie est une autre opportunité pour les agriculteurs de jouer un rôle dans la séquestration des gaz à effet de serre. Puisque les arbres en croissance absorbent plus de carbone sous forme de $CO_2$ qu'ils n'en rejettent au cours de leur respiration, la plantation d'arbres est considérée comme un moyen de capturer les gaz à effets de serre. La séquestration du carbone est un moyen essentiel pour lutter contre l'effet de serre. Ainsi, la reforestation et l'agroforesterie permettent de stocker à la fois dans les arbres et le sol (sous forme d'humus), le gaz carbonique ($CO_2$) en excès dans l'atmosphère (Sebban, 2008). De plus, par son enracinement, l'arbre injecte dans les horizons profonds une quantité importante de carbone, ce qui induit un stockage durable en profondeur (Almaric et *al*, 2008). L'agroforesterie permettrait de séquestrer environ 600 millions de tonnes de carbone par an d'ici 2040 (GIEC, 2007). Lasco et Pulbin (2006) ont montré que le bénéfice total net de carbone issu de la reforestation et de l'agroforesterie est d'environ 60,264 et 452,649 tonnes respectivement.

Nembot (2007) a montré que les haies-vives de Baleng stockent environ 611 990,10 kg de carbone (611,99 tonnes de carbone). Le tableau 3 présente la quantité de carbone qui pourrait être piégé et conservé par des pratiques d'aménagement forestier dans certaines régions.

**Tableau 3** : Estimations globales du volume potentiel de carbone qui pourrait être piégé et conservé par des pratiques d'aménagement forestier entre 1995 et 2050.

| Latitudes | Pays/régions | Pratiques d'aménagement | Carbone piégé et conservé (Pg)[1] |
|---|---|---|---|
| Tempéré | Etats-Unis | | 0,29 |
| | Australie | Agroforesterie | 0,36 |
| | **Total partiel** | | 0,70 |
| Tropicale | Amérique tropicale | | 8,02 |
| | Afrique tropicale | Boisement | 0,90 |
| | Asie tropicale | | 7,50 |
| | **Total partiel** | | **16,40** |
| | Amérique tropicale | | 1,66 |
| | Afrique tropicale | Agroforesterie | 2,63 |
| | Asie tropicale | | 2,03 |
| | **Total partiel** | | **6,30** |
| | Amérique tropicale | | 4,80 - 14,30 |
| | Afrique tropicale | Régénération | 3,00 - 6,70 |
| | Asie tropicale | | 3 80 - 7,70 |
| | **Total partiel** | | **11,50 - 28,70** |
| | Amérique tropicale | | 5,00 - 10 70 |
| | Afrique tropicale | Déboisement lent | 2,50-4,40 |
| | Asie tropicale | | 3 30-5,80 |
| | **Total partiel** | | **10,80-20,80** |

[1] Pg = $10^{15}$ g = 1 gigatonne.

**Source** : Brown, 1995.

# Chapitre 3 : Méthodologie

## 3.1. Présentation physique de la zone d'étude

### 3.1.1. Situation géographique

Selon les données obtenues de la Délégation Départementale d'Agriculture de la Ménoua (DDAM), la zone agroécologique des hautes terres de l'Ouest est le berceau de l'ethnie Bamiléké. La Région de l'Ouest a pour chef-lieu Bafoussam. Elle couvre une superficie de 13 872 $Km^2$ avec une population d'environ 1 982 100 habitants (2001). La présente étude s'est déroulée dans le Département de la Ménoua qui est limité :

- Au nord par le Département des Bamboutos (Mbouda) ;
- Au Sud par le Département du Haut-Nkam (Bafang) ;
- A l'Est par le Département des Haut-Plateaux (Baham) ;
- A l'Ouest par le Département du Lebialem (Région du Sud-Ouest).

Le département est divisé en trois zones agro écologiques en fonction de l'altitude :

- La zone de Basse altitude (500 m - 800 m) dans l'arrondissement de Santchou (Nteingué) se situe dans les Latitude 5° 17' 60 N et Longitude 9°54' 0 E ;
- La zone de Moyenne altitude (1200 m – 1400 m) dans l'arrondissement de Dschang se situe dans les latitude 5°20'N et Longitude 10°03'E ;
- La zone de Haute altitude (1800 m – 2000 m) dans l'arrondissement de Nkong-Ni (Djuititsa) se trouve entre 5°33' latitude Nord et 10°04' longitude Est.

La figure 1 donne une appréciation des sites de recherche (Adaptée de CEREHT, 2007).

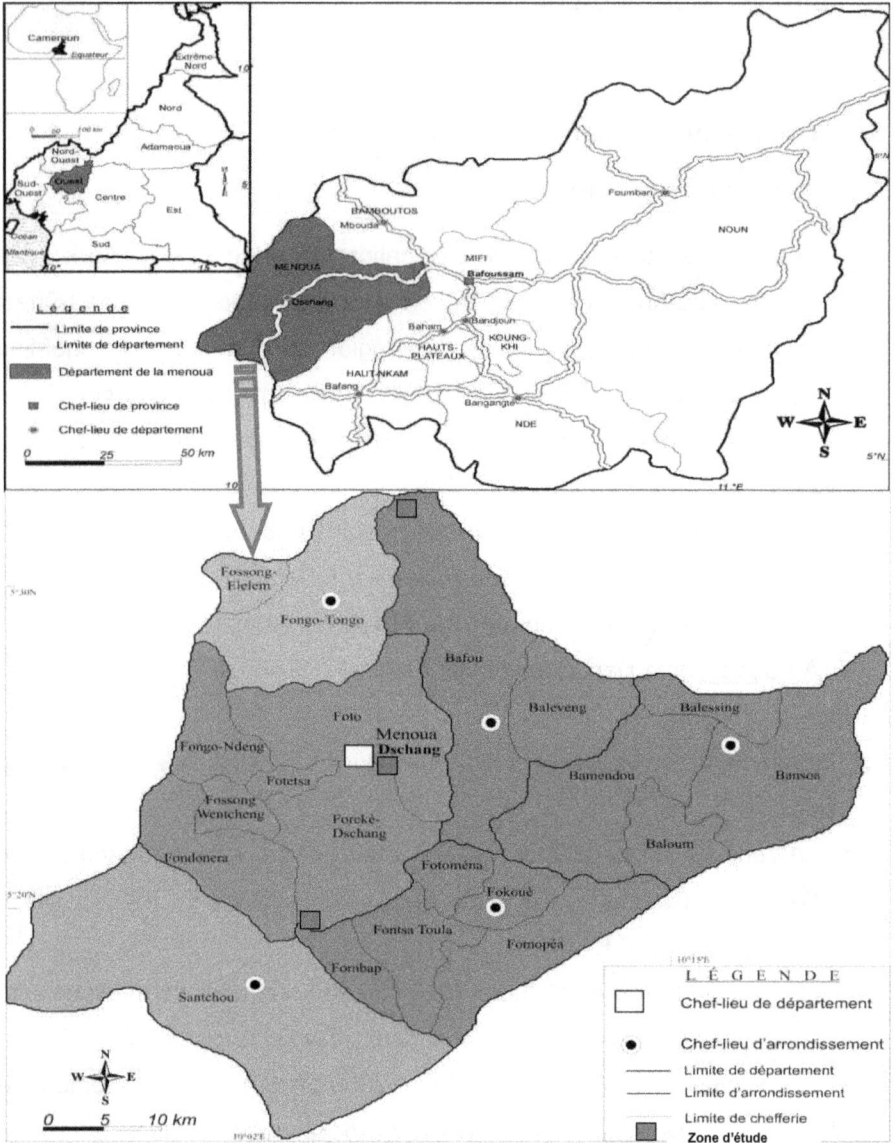

Une réalisation du CEREHT (Centre de Recherche sur les Hautes Terres) Univ-D.    fr Juin 2007

**Nouvelle configuration administrative de la Menoua**

**Figure 1 :** Localisation des sites de recherche dans le Département de la Menoua, Cameroun

### 3.1.2. Climat

Le climat est de type tropical soudanien avec 2 grandes saisons : une saison sèche qui va de Novembre à Mars, une saison des pluies qui va d'avril à octobre. Les pluies sont abondantes d'environ 1500 mm à 2000 mm par an. Les températures oscillent entre 18 °C et 30 °C avec une forte variation journalière et une température moyenne se situant autour de 25 °C.

### 3.1.3. Relief et sol

✓ En basse altitude, le terrain est plat, on y retrouve aussi quelques bas fonds marécageux et quelques pentes. Le sol est noir et par endroit sablonneux très riche en humus favorable au développement de l'agriculture.

✓ En moyenne altitude, le relief est essentiellement montagneux. Le sol est ferralitique en altitude et dans les bas fonds, il est hydromorphe et fertile.

✓ En haute altitude, le relief est caractérisé par les montagnes, avec des plateaux et des bas fonds non inondés. Le sol est latéritique ; terre noire par endroit et on observe des escarpements rocheux.

### 3.1.4. Végétation

La végétation est de type savane herbeuse dominé par *Imperata cylindrica* et quelques touffes de forêts en basse altitude. En moyenne altitude, on y rencontre plusieurs espèces d'arbres fruitiers sauvages et domestiques ainsi que des arbustes et des hautes herbes et en haute altitude, la végétation herbacée est dominée par le *Pennisetum spp*.

## 3.2. Choix des sites

Le choix des sites selon les altitudes a été guidé par la Délégation Départementale du Ministère de l'Agriculture et du Développement Rural (MINADER). Elle a fourni les informations sur les sites les plus représentatifs pour chaque niveau d'altitude, les systèmes de culture dominants pour chacun des sites. Dans chaque zone, les systèmes les plus représentés ont été échantillonnés. C'est ainsi que :

- En basse altitude (Nteingué), les caféiers robusta, cacaoyers et les champs vivriers ont été retenus ;
- En moyenne altitude (Dschang), les caféiers arabica, les jardins de case et les champs vivriers ont été retenus ;
- Et en haute altitude (Djuttitsa), les caféiers arabica, les jardins de case et les haies-vives ont été retenus.

## 3.3. Collecte des données

Les données secondaires proviennent de diverses sources documentaires notamment des bibliothèques du CIRAD, CARPE, CIFOR et ICRAF, de l'Université de Dschang et usage de l'Internet.

Les données primaires ont été collectées dans les différentes zones du Département ci-dessus identifiés. Chaque système de production était représenté par dix parcelles/champs, soit un total de 90 parcelles. Dans chaque parcelle, une fiche d'inventaire et le ruban du forestier ont été utilisés pour répertorier et identifier tous les arbres, évaluer leur diamètre à 1,30 m à hauteur de poitrine (au dessus du sol). Les échantillons d'espèces d'arbres non identifiés sur le terrain ont été ramenés à l'Herbier National de Yaoundé (HNY) pour identification. Pour les champs de café et de cacao, dix sous-parcelles par hectare de 5m x 5m ont été établies dans les champs à l'intérieur desquelles tous les pieds de caféiers et de cacaoyers ont été mesurés à 1m de hauteur. Pour les données socio-économiques, une fiche d'enquête a été administrée auprès des ménages propriétaires des parcelles, soit de trente (30) par site, nous permettant de voir quels produits, services et bénéfices les producteurs tirent des arbres présents dans leurs champs.

## 3.4. Evaluation du fonctionnement écologique

L'évaluation du stock moyen de carbone a été fonction des systèmes agroforestiers identifiés dans chaque site. La formule suivante développée par Brown (1997) pour une pluviométrie comprise entre 1 500 mm et 4 000 mm a été utilisée à cette fin (Brown et Person, 2005).

$$Y = \exp(-2{,}289 + 2{,}649 * \ln(D) - 0{,}021 * \ln(D^2)).$$

Y = Biomasse (kg)

D = Diamètre des arbres (cm)

Puis, Y a été multiplié par 0,5 pour avoir le stock de carbone (Sc) suivant la formule ci-après :

$$Sc = \tfrac{1}{2} Y$$

## 3.5. Analyse des données et calcul de la diversité des systèmes

Les données ont été analysées sur logiciel Excel. Pour déterminer la diversité des systèmes de production, les indices de diversité de Shannon et de Simpson ont été calculés pour les différents systèmes. Elles ont permis d'apprécier le système qui conserve le mieux la diversité des espèces.

## 3.5.1. Indice de diversité de Shannon-Weaver ( H')

Cet indice a l'avantage d'être indépendant de la taille de l'échantillon, et de pouvoir se généraliser plus facilement (Gama et Francis, 2008). Il permet de donner une idée de la répartition des espèces en fonction du type de système de production. Ainsi, plus les espèces sont nombreuses, plus l'indice est élevé. Il est exprimé par la formule suivante :

**H' = - Σ ((Ni / N) \* log$_2$ (Ni / N))**

**Ni :** Nombre d'individus d'une espèce donnée, i allant de 1 à S (nombre total des espèces).

**N :** Nombre total d'individus.

H' est minimal (= 0) si tous les individus du peuplement appartiennent à une seule et même espèce. Aussi, H' est minimal si, dans un peuplement chaque espèce est représentée par un seul individu, excepté une espèce qui est représentée par tous les autres individus du peuplement. L'indice est maximal quand le nombre d'individus est le même pour toutes les espèces représentées (Grall et Hily, 2003).

### 3.5.2. Indice de diversité de Simpson ( λ)

L'indice de Simpson (D) mesure la probabilité que deux individus sélectionnés au hasard appartiennent à la même espèce :

**D = Σ Ni (Ni-1)/N (N-1)**

**Ni :** Nombre d'individus de l'espèce donnée.

**N :** Nombre total d'individus.

**D = 0** indique un maximum de diversité et une valeur de 1 pour indiquer un minimum de diversité. Dans le but d'obtenir des valeurs, plus expressive. Nous avons choisi l'indice de diversité de Simpson représenté par :

**λ = 1-D**

Le maximum de diversité étant représenté par la valeur 1, et le minimum de diversité par la valeur 0 (Grall et Hily, 2003).

# CHAPITRE 4 : RESULTATS ET ANALYSE

## 4.1. Caractérisation des enquêtés et des systemes de production

### 4.1.1. Caractérisation des enquêtés

Le tableau 4 présente la répartition des enquêtés suivant le genre. Tous ont pour principale activité l'agriculture. La taille moyenne du ménage varie entre 7 et 8 personnes. Les hommes s'occupent des cultures pérennes (Café, Cacao) et les femmes des champs vivriers. Dans chaque localité, les proportions du tableau 4 ont été obtenues.

**Tableau 4 :** Répartition des enquêtés suivant le genre (%)

| Genre | Nteingué | Dschang | Djuttitsa |
|-------|----------|---------|-----------|
| Homme | 56,7 | 46,7 | 42,3 |
| Femme | 43,3 | 53,3 | 57,7 |
| **Total** | **100** | **100** | **100** |

Il ressort du tableau 5 que 53,3 et 57,7 % des enquêtés sont des femmes respectivement à Dschang et à Djuttitsa. Par contre, l'étude a rencontré plus d'hommes (56,7 %) à Nteingué. Ceci peut s'expliquer par la nature de l'activité pratiquée notamment la cacaoculture et la caféiculture qui sont plus réservées aux hommes. Dans les deux autres localités, les champs vivriers, les jardins de case et les haies-vives sont plus dévolues aux femmes.

## 4.1.2. Caractérisation des systèmes de production

### 4.1.2.1. Caféières et cacaoyères

Dans la zone de Nteingué, 45 % des producteurs cultivent le caféier robusta, tandis que 20 % produisent en plus de cette spéculation le cacao. La superficie moyenne est d'environ 0,5 ha. La production est pratiquée en association avec quelques bananiers plantains et des arbres principalement fruitiers. Parmi ces fruitiers, l'étude a identifié majoritairement : les manguiers (*Mangifera indica*), avocatiers (*Persea americana)*, safoutiers (*Dacryodes edulis)*, et les goyaviers (*Psidium guajava*). Cependant, dans la zone de Dschang et de Djuititsa, les producteurs cultivent le caféier arabica en association avec le maïs (*Zea mays)*, l'igname (*Dioscorea rotundata*), le bananier plantain (*Musa sapienta*), le macabo (*Xanthosoma sagittifolium)*. Ces arbres sont dispersés dans les parcelles.

### 4.1.2.2. Champs vivriers

A Nteingué et à Dschang, les champs viviers explorés sont éloignés des habitations et les superficies varient de 0,25 à 1,5 ha. Ils sont caractérisés par une association de culture : Maïs (*Zea mays*), haricot (*Phaseolus vulgaris*), *Dioscorea rotundata*, *Musa sapienta*, quelques arbres fruitiers tels que *Persea americana*, *Dacryodes edulis* etc, et d'autres espèces telles que l'*Eucalyptus spp.* et *Podocarpus mannii* utilisées pour le bois de chauffe et la production des perches. Ces espèces délimitent les parcelles et sont dispersées dans les champs.

### 4.1.2.3. Jardins de case

Que ce soit à Dschang ou à Djuttitsa, les jardins de case sont situés tout près des maisons et ont des superficies variables de 100 m $^2$ à 0,5 ha. Ce système de production intègre sur une même parcelle des cultures annuelles,

les ligneux composés essentiellement des fruitiers tels que *Citrus spp.* *Persea americana, Dacryodes edulis, Mangifera indica, Cola acuminata,* et/ou des animaux gérés par la main d'œuvre familiale. Dans ce système, les arbres sont dispersés sur les parcelles avec quelques uns localisés en bordure des parcelles.

### 4.1.2.4. Haies - vives

A Djuttitsa, les haies-vives sont composées majoritairement d'*Eucalyptus sp* et de *Podocarpus mannii*. Elles sont parsemées d'arbres fruitiers notamment *Persea americana* (avocatiers) et *Psidium guayava*. Ce sont des formes de clôtures vivantes utilisées principalement pour la matérialisation des limites foncières soit entre deux ou plusieurs exploitations agricoles, ou soit entre deux ou plusieurs concessions. Ces espèces produisent du bois et des perches utilisés respectivement comme bois de chauffe et pour des constructions ménagères. Les fruits issus principalement des avocatiers sont plus destinés à la vente.

## 4.2. Composition floristique, structure diamétrique et diversité des systemes de production

### 4.2.1. Composition floristique des systèmes de production

Les tableaux 5, 6 et 7 présentent les familles, les noms vernaculaires, les noms communs et scientifiques ainsi que les densités d'arbres dans les divers systèmes étudiés et en fonction des localités. Les observations sur le terrain ont permis de remarquer que certaines espèces sont présentes dans les jardins de case et absentes dans les champs vivriers ainsi que dans les caféiers. La densité des espèces varie d'un système à l'autre.

**Tableau 5 :** Densité moyenne (tige/ha) des espèces de la zone de Nteingué.

| Familles | Noms | Noms | Densité (Tiges/ha) |
|----------|------|------|--------------------|

| botaniques | vernaculaires/noms communs | Scientifiques | Cf | Cc | CV |
|---|---|---|---|---|---|
| Anacardiaceae | Mangauro/manguier | *Mangifera indica* | 1,17 | 8,52 | 1,26 |
| Annonaceae | | *Annona muricata* | 0 | 0 | 1,26 |
| Apocynaceae | / | *Rauvolfia macrophilla* | 0 | 1,70 | 2,52 |
| | Voacanga | *Voacanga africana* | 2,49 | 6,82 | 41,53 |
| Arecaceae | Palmier à huile | *Elaeis guinensis* | 11,14 | 16,25 | 0 |
| Asteraceae | Mekang | *Vernonia amygdalina* | 0 | 0 | 8,81 |
| Boraginaceae | / | *Cordia aurrantiaca* | 0 | 1,70 | 2,52 |
| Burseraceae | Ekiep/safoutiers | *Dacryodes edulis* | 4,25 | 10,30 | 3,77 |
| | Arbre à fruits noirs | *Canarium schweinfurthii* | 0,15 | 0 | 0 |
| Sterculiaceae | kola | *Cola acuminata* | 0,29 | 0 | 0 |
| Clusiaceae | Bitter kola | *Garcinia kola* | 0,15 | 0 | 0 |
| Euphorbiaceae | Janssan | *Ricinodendron heudelotii* | 0,15 | 0 | 0 |
| Lauraceae | Pia/avocatiers | *Persea americana* | 0 | 1,70 | 1,26 |
| Mimosaceae | Atui | *Albizia zygia* | 1,90 | 13,64 | 3,77 |
| Moraceae | Aban | *Milicia excelsa* | 0,15 | 3,41 | 0 |
| Myrtaceae | Gwaba/goyaviers | *Psidium guajava* | 0,15 | 5,11 | 0 |
| | Caltautsi | *Eucalyptus sp.* | 0 | 0 | 12,58 |
| Rutaceae | Lemon | *Citrus lemon* | 0 | 1,70 | 3,77 |
| | orangers | *Citrus sinensis* | 0 | 1,70 | 0 |
| Rubiaceae | Coffie/caféiers | *Coffea robusta* | 1593,41 | 0 | 0 |
| Sterculiaceae | Caca/cacaoyers | *Theobroma cacao* | 0 | 816,42 | 0 |

**Légende :** Cf = Caféières    Cc = Cacaoyères

CV = Champ vivriers

Il ressort du tableau 5 que 21 espèces arborescentes appartenant à 14 familles ont été identifiées dans les principaux systèmes de production de la zone de basse altitude (Nteingué). Ainsi on observe que, la densité de

*Mangifera indica* est plus élevée dans la cacaoyère (8,52 tige/ha) par rapport aux deux autres systèmes étudiés. Cette valeur est également supérieure à celle trouvée dans les cacaoyères de Ngume où *Mangifera indica* avait une densité de 1,6 tige/ha (Dallière et Dounias, 1998). Cependant, *Voacanga africana* est le ligneux le plus représenté dans les champs vivriers avec 41,53 tiges/ha. D'autres espèces telles que *Cola acuminata, Garcinia cola, Ricinodendron heudelotii* n'ont été observées que dans les caféiers. La représentation des espèces dans les systèmes agroforestiers de Nteingue est à quelques exceptions près  semblable à ceux cité par Sonwa et *al.* (2001) où pour les agroforêts à base de cacaoyers de la zone forestière camerounaise, on avait observé en plus des espèces ci-dessus mentionnées *Terminalia superba* et *Irvingia gabonensis.*

**Tableau 6 :** Densité moyenne des espèces de la zone de Dschang

| Familles botaniques | Noms vernaculaires/noms communs | Noms Scientifiques | Densité (Tige/ha) | | |
|---|---|---|---|---|---|
| | | | Cf | JC | CV |
| Anacardiaceae | Mangauro/manguiers | *Mangifera indica* | 1,40 | 14,05 | 2,33 |
| Agavaceae | / | *Draceana arborea* | 0 | 2,48 | 0,58 |
| Asteraceae | Mekang | *Vernonia amygdalina* | 0 | 3,31 | 0,58 |
| Bombacaceae | Arachide de chine | *Pachira sessilis* | 0 | 1,65 | 0 |
| Boraginaceae | Loloum | *Cordia millenii* | 0,93 | 0 | 0 |
| Bignoniaceae | / | *Markhamia lutea* | 0 | 0,83 | 0 |
| Burseraceae | Ekiep/safoutiers | *Dacryodes edulis* | 3,03 | 9,92 | 8,44 |
| | / | *Canarium schweinfurthii* | 0 | 0 | 0,29 |
| Sterculiceae | colatiers | *Cola acuminata* | 0,93 | 0 | 2,62 |
| Lauraceae | Pia/avocatiers | *Persea americana* | 2,56 | 18,18 | 13,10 |
| Mimosaceae | / | *Albizia gumimifera* | 0,23 | 0 | 1,16 |
| Moraceae | Dazeu | *Ficus sp.* | 0 | 0 | 0,29 |
| Myrtaceae | Caltautsi | *Eucalyptus sp.* | 0 | 1,65 | 9,03 |
| | Gwaba/goyaviers | *Psidium guajava* | 0,70 | 3,31 | 2,62 |
| Podocarpaceae | / | *Podocarpus mannii* | 0 | 4,13 | 6,40 |
| Rosaceae | / | *Prunus africana* | 0 | 0 | 0,29 |
| Rubiaceae | Coffie/caféiers | *Coffea arabica* | 1770,26 | 0 | 0 |
| Cupressaceae | / | *Cupressus sp.* | 0 | 7,44 | 0 |
| Rutaceae | / | *Citrus sinensis* | 0,23 | 0 | 0 |
| | Lemon | *Citrus lemon* | 0 | 0 | 0,29 |

**Légende :** Cf = Caféières ;  JC = Jardin de case ;  CV = Champ vivriers

Du tableau 6, on observe que la zone de moyenne altitude (Dschang) comporte un total de 20 espèces ligneuses pour 16 familles avec une densité élevée de *Persea americana* dans les jardins de case (18,18 tige/ha) et dans les champs vivriers (13,10 tige/ha) comparée aux caféières (2,56 tige/ha).

Aucun avocatier n'avait été observé dans les caféières de Ngume (Dallière et Dounias, 1998). Ceci peut être dû au climat qui ne favorise pas une bonne croissance de cette espèce dans la région ou alors aux préférences des producteurs. On constate également que les densités d'arbre sont très faibles dans les caféières (10,01 tiges/ha), comparées à celles des jardins de case et des champs vivriers qui ont respectivement 67 et 48 tiges/ha. En effet, les producteurs veulent limiter l'ombrage sur les caféiers arabica car trop d'ombre conduirait à une mauvaise production.

**Tableau 7 :** Densité moyenne des espèces de la zone de Djuttitsa (tiges/ha)

| Familles botaniques | Noms vernaculaires | Noms Scientifiques | Densité (Tige/ha) | | |
|---|---|---|---|---|---|
| | | | Cf | JC | HV |
| Anacardiaceae | Mangauro/Mangier | *Mangifera indica* | 0 | 8,6 | 0 |
| Annonaceae | | *Annona senegalensis* | 0 | 5,63 | 0 |
| Bombacaceae | | *Pachira sessilis* | 0 | 6,63 | 0 |
| Burseraceae | Ekiep /safoutiers | *Dacryodes edulis* | 1,75 | 5,81 | 7,25 |
| Sterculiaceae | Colatiers | *Cola accuminata* | 21,05 | 17,3 | 0 |
| Lauraceae | Pia/avocatiers | *Persea americana* | 31,58 | 12,46 | 53,14 |
| Moraceae | Dazeu | *Ficus sp.* | 5,26 | 0 | 30,79 |
| Myrtaceae | Caltautsi | *Eucalyptus sp.* | 0 | 0 | 144,93 |
| | Gwaba/goyaviers | *Psidium guajava* | 14,04 | 7,23 | 14,49 |
| Podocarpaceae | | *Podocarpus mannii* | 0 | 0 | 189,95 |
| Rubiaceae | Coffie | *Coffea arabica* | 15561,40 | 0 | 0 |
| Rutaceae | | *Citrus sinensis* | 1,75 | 7,09 | 0 |
| | | *Citrus maxima* | 0 | 5,81 | 0 |
| | | *Citrus reticulata* | 1,75 | 0 | 0 |
| Pinaceae | Pin sylvestre | *Pinus sp.* | 0 | 0 | 36,23 |

**Légende :** Cf = Caféières ;  JC = Jardin de case ;  HV = Haies-vives

Il ressort du tableau 7 que les systèmes de production de la zone de haute altitude (Djuttitsa) comportent 15 espèces ligneuses pour 12 familles. L'on peut observer une forte densité de *Persea americana* (31,6 tiges/ha) et de *Cola acuminata* (21,05 tiges/ha) dans les caféières. Cette valeur de cola est supérieure à celle trouvée dans les caféières de Ngume avec une densité de 16,5 tiges/ha de colatiers qui avait été observée par Dallière et Dounias (1998).

D'une manière générale, l'on peut observé qu'il y a des espèces propres à une altitude telle que *Voacanga africana* que l'on trouve uniquement en basse altitude et, *Annona senegalensis, Citrus maxima* et *Citrus reticulata* trouvées en haute altitude. Certains arbres fruitiers sont communs aux trois altitudes notamment *Mangifera indica, Dacryodes edulis,* et *Persea americana*. D'autres par contre sont communs à deux systèmes. Il s'agit de *Pachira sessilis* et *Albizya sp* communes aux basse et moyenne altitude. On note une forte densité de *Persea americana* dans les systèmes de production de haute altitude par rapport aux deux autres altitudes. Ceci peut s'expliquer par le fait qu'en plus de leur importance économique et de leur popularité reconnue dans presque toutes les zones agro-écologiques du Cameroun, les avocats sont très appréciés et largement consommés par les populations de Dschang et de Djuttitsa.

### 4.2.2. Diversité des espèces

Les indices de diversité de Shannon (H') et de Simpson ($\lambda$) ont été calculés. Les valeurs de ces indices traduisent la richesse spécifique de chaque système dans les différentes localités comme l'illustre la figure 2.

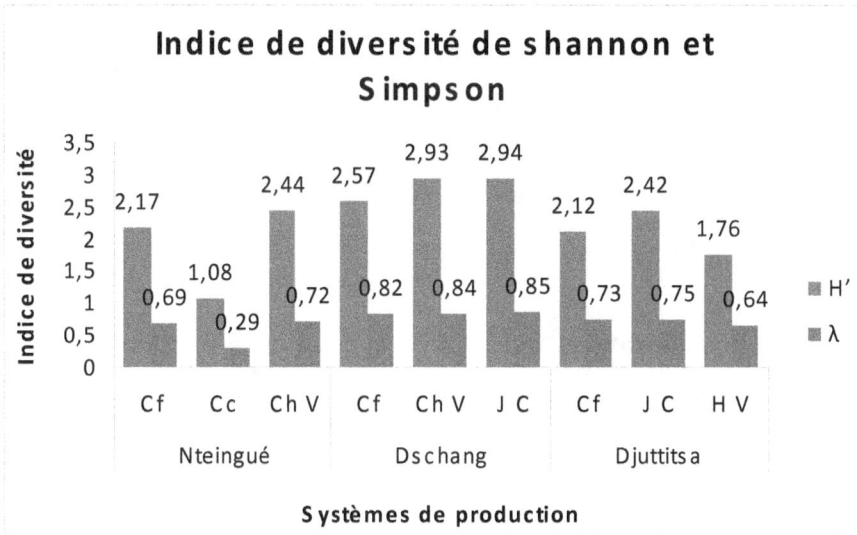

**Figure 2 :** Indice de diversité de Shannon et de Simpson

**Légende :** Ch V = Champs vivriers  HV= Haies-vives   Cc = Cacaoyères

H' = Indice de diversité de Shannon-weiner  JC = Jardins de Case

λ = Indice de diversité de Simpson        Cf = Caféières

Au regard de la figure 2, l'on remarque que la diversité des espèces est en général plus importante dans la zone de moyenne altitude, puis de haute altitude et enfin de basse altitude. Selon Kpérkouma et *al.* (2005), les indices de diversité sont relativement élevés dans la végétation naturelle (H = 3,2) que dans les parcs agroforestiers (H = 1,4) au Sud Cameroun. Cependant, Fongnzossie et *al.* (2008) ont trouvé les indices de Shannon de l'ordre de 5,87 dans les agroforêts à cacao et de 5,49 dans les champs vivriers du Sud Cameroun. Ces valeurs sont largement supérieures à celles trouvées dans les cacaoyères de Nteingué (1,08) et les champs vivriers de Dschang (2,93). L'on peut constater que dans la zone de basse altitude, les champs vivriers constituent le système les plus diversifié (H = 2,44 et λ = 0,72) que les cacaoyères (1,08). Dans la zone de moyenne altitude, les jardins de case sont plus diversifiés (2,94) que les cafiers qui eux sont plus diversifiés que les caféiers de la haute altitude (2,42). Une valeur élevée de l'indice de diversité de Simpson témoigne d'une diversité élevée comme l'indiquent les valeurs de l'indice de shannon.

## 4.3. Différentes utilisations de l'arbre dans ces systemes agroforestiers

### 4.3.1. Rôles de l'arbre dans les systèmes de production

Dans notre zone de travail, l'utilisation de l'arbre dans les différents systèmes de production ne varie pas grandement d'un site à l'autre. En effet, dans les champs de cultures pérennes (Caféière, Cacaoyère), 10 % des arbres présents sur la parcelle jouent le rôle d'ombrage (*Albizia zygia, Dacryodes edulis, Mangifera indica*). En plus de ce rôle d'ombrage, 41 % de ces arbres produisent des fruits destinés à la consommation et à la vente. Selon tous les producteurs rencontrés, la plupart des arbres présents dans les parcelles de production fournissent des fruits destinés principalement à la consommation familiale. Le tableau 8 résume les différentes utilisations de l'arbre dans les systèmes de production suivant les espèces.

**Tableau 8 :** Utilisations des arbres conservés dans les systèmes de production

| Familles botaniques | Noms Scientifiques | Noms communs | Utilisations |
|---|---|---|---|
| Annonaceae | *Annona muricata* | Corossolier | Al (fruits) ; Med (feuille) |
| | *Annona senegal* | Corossolier | Al (fruits) ; Med (feuille) |
| Anacardiaceae | *Mangifera indica* | Manguier | Al (fruits) ; bois chauffe ; ombrage |
| Agavaceae | *Dracena arborea* | | Parcelle ; Pot (feuille) |
| Apocynaceae | *Voacanga africana* | Voacanga | Med (graine) |

| | | | |
|---|---|---|---|
| Arecaceae | Elias guineensis | Palmier à huile | Al (noix) |
| Asteraceae | Vernonia amygdalina | Ndolè | Al (feuille) ; Bois chauffe |
| Bombacaceae | Pachira sessilis | Arachide de chine | Al (graine) |
| Boraginaceae | Cordia millenii | Loloum | Bois de chauffe, ombrage, Biofertilisation |
| Bignoniaceae | Markhamia lutea | | Bois de chauffe |
| Burseraceae | Dacryodes edulis | Safoutier | Al (fruits) ; Med (feuille) ; ombrage |
| | Canarium schweinfurtii | Fruit noir | Al (fruits) ; Bois chauffe ; |
| Euphorbiaceae | Ricinodendron heudoletii | Djancan | Al (graine) |
| Gluciaceae | Cola acuminata | Cola | Al (graine) ; ombrage |
| | Garcinia cola | Bitter cola | Al (graine) |
| Lauraceae | Percea americana | Avocatier | Al (fruits) ; Med (feuille) ;Bois chauffe ;ombrage |
| Mimosaceae | Albizya gygia | | Ombrage, Biofertilisation |
| | Albizia gumimifera | | Fertilisation ; Bois de chauffe |
| Moraceae | Milicia excelsa | Iroko | Bois de chauffe et construction |
| | Ficus sp. | | Délimitation parcelle ; |
| Myrtaceae | Eucalyptus sp. | Eucalyptus | Bois construction et de chauffe ; délimitation parcelle |
| | Psidium guajava | Guayave | Al (fruits) ; Med (feuille) |
| Podocarpaceae | Podocarpus mannii | | Bois construction et de chauffe ; délimitation parcelle |
| Rosaceae | Prunus africana | | Med (écorce) |
| Rubiaceae | Coffea arabica | | Vente (fruits) |
| Rutaceae | Cuprésus spp. | | Parcelle ; bois de chauffe |
| | Citrus sinensis | | Al (fruit) |
| | Citrus lemon | Lemon | Al (fruit) ; Med (fruit) |

**Légende :** Al = Alimentaire ;     Med = Médicinale

Outre la consommation familiale, les fruits sont soit offerts sous formes de dons aux parents en ville et aux voisins, soit vendus pour les besoins primaires des ménages. En plus des fruits, ces arbres fournissent d'autres services et produits tels que les médicaments, bois de chauffe, bois de construction, et amélioration de la fertilité des sols. Les usages des arbres dans notre zone d'étude rentrent en conformité avec les résultats d'Okafor (1999) et Nouvellet (1992). En effet, les producteurs préservent dans leur parcelle des arbres pour des buts bien précis, un même arbre pouvant avoir plusieurs usages. Le choix des espèces à conserver ou à intégrer dans la parcelle est généralement étroitement lié aux produits et services que cet arbre pourrait procurer aux producteurs.

### 4.3.2. Motivation de conservation des arbres dans les parcelles de production

Les résultats de l'enquête effectuée au sein de 80 ménages des trois zones agro-écologiques ont révélé les motivations résumées au tableau 9 pour la conservation des arbres dans les parcelles de production.

**Tableau 9 :** Motivation à l'introduction d'arbre dans les parcelles (%)

| Motivations | Localités | | |
|---|---|---|---|
| | Nteingué | Dschang | Djutttitsa |
| Economique | 0 | 0 | 61,90 |
| Nutritionnelles/alimentaires | 76,92 | 62,5 | 23,81 |
| Socio-culturelle | 23,08 | 25 | 0 |
| Délimitation parcellaire | 0 | 12,5 | 14,28 |
| **Total** | **100** | **100** | **100** |

L'on peut relever du tableau 9 que 61,90 % de producteurs introduisent des arbres dans les parcelles de production pour un but purement économique dans la zone de Djuttitsa. L'espèce principalement introduite est l'avocatier dont les fruits sont vendus par sac de 50 kg à 5 000 FCFA. Par contre dans les zones de Nteingué et Dschang, 76,92 et 62,5 % respectivement conservent les arbres dans leurs parcelles pour un but alimentaire compte tenu de la taille élevée des ménages à nourrir comme l'ont affirmé ces derniers. L'introduction des arbres dans les systèmes de production à des fins de délimitation parcellaire a été soulevée à Dschang et Djuttitsa. Ce fait peut s'expliquer par la forte pression démographique qui se fait ressentir dans cette zone avec l'avènement de l'Université d'une part et des opportunités et débouchés pour les produits agricoles et agroforestiers d'autre part. Enfin, les producteurs introduisent également les arbres pour des fins socio-culturelles à Nteingué (23,08 %) et à Dschang (25 %). L'introduction et la conservation des arbres dans les parcelles de productions sont sujettes aux contraintes de gestion par les producteurs. La Figure 3 présente les problèmes de gestion des arbres rencontrés par les producteurs.

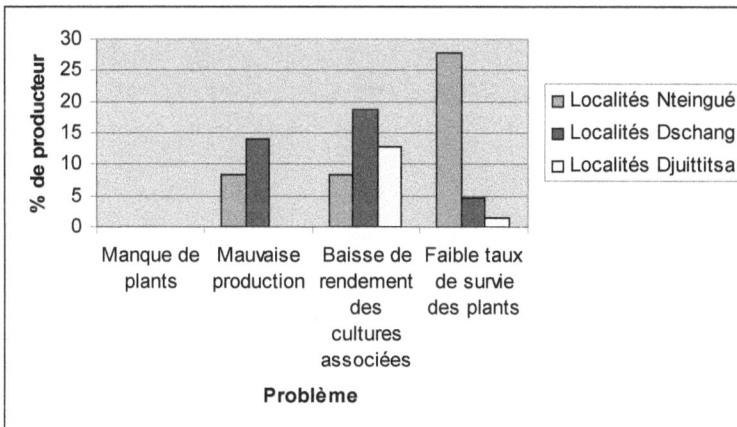

**Figure 3:** Problèmes de gestion des arbres dans les systèmes de production

Il ressort de la figure 3 qu'à Dschang, Djuttitsa et Nteingue, 18,6 %, 12,69 % et 8 % respectivement de producteurs déplorent une baisse de rendement des cultures associées aux arbres. Ils l'expliquent par le fait que, ces arbres créent un fort ombrage sur les cultures, ce qui conduit à une baisse de rendement. Ce problème général rencontré dans tous les sites d'étude traduit la faiblesse des capacités des producteurs de la zone en matière d'entretien des arbres dans les systèmes de cultures associées. En plus de ce problème, les producteurs de Nteingue, (27,77 %) déplorent le faible taux de survie et de croissance des arbres d'où leur faible intérêt pour la plantation des arbres. Ici, l'attention est portée sur le palmier à huile (*Elaeis guinensis*) qui produit bien dans la région, contribue à l'alimentation et génère des revenus à travers la commercialisation de l'huile de palme et de palmiste. En réalité, il apparaît assez difficile de garantir la croissance des jeunes plants d'arbres sous l'ombrage dense et persistant créé par les feuilles de palmiers à huile. Il faut noter que, les producteurs n'ont pas connaissance et accès aux plants améliorés d'arbres et n'ont jamais été en contact avec les techniques de domestication.

## 4.4. Contribution des systèmes de productions à la mitigation des effets du changement climatique

### 4.4.1. Structure diamétrique des arbres

Le tableau 10 présente les différentes classes de diamètre (Cm) constituant la structure diamétrique des arbres étudiés dans les trois altitudes.

**Tableau 10 :** Classe de diamètre (Cm)

| Localités | Systèmes | [5- 10 [ | [10- 15[ | [15- 20[ | [20- 25[ | [25- 30[ | [30- 35[ | [35- 40[ | [40- 45[ | [45- +[ |
|---|---|---|---|---|---|---|---|---|---|---|
| | Cacao | 4 | 3 | 1 | 7 | 4 | 2 | 1 | 7 | 16 |
| Nteingue | Café | 6 | 8 | 10 | 10 | 14 | 10 | 4 | 2 | 10 |
| | Ch V | 3 | 7 | 9 | 10 | 10 | 6 | 5 | 8 | 8 |
| | Café | 0 | 9 | 6 | 7 | 6 | 8 | 4 | 1 | 2 |
| Dschang | Ch V | 19 | 30 | 39 | 23 | 15 | 13 | 10 | 7 | 9 |
| | J C | 4 | 14 | 21 | 10 | 10 | 6 | 4 | 2 | 10 |
| | Café | 1 | 6 | 4 | 6 | 4 | 1 | 7 | 3 | 12 |
| Djuttitsa | J C | 2 | 14 | 12 | 5 | 6 | 5 | 4 | 3 | 15 |
| | H V | 60 | 65 | 45 | 17 | 16 | 20 | 12 | 11 | 32 |

En considérant que les gros arbres sont ceux ayant un diamètre supérieur ou égale à 45 cm, il ressort du tableau 10 que dans la localité de Nteingué, les cacaoyères possèdent plus de gros arbre (16) que les champs vivriers (8). Dans la zone de Dschang, les jardins de case ont plus de gros arbres (10) que les caféières (2). Tandis que dans la localité de Djuttitsa, les haies-vives ont plus de gros arbres (32) que les caféières (12). De manière générale, on observe que le nombre d'arbres diminue au fur et à mesure que le diamètre devient important.

## 4.4.2. Stock moyen de carbone séquestré par les systèmes de production

Selon Sebban (2008), le carbone représente 50 % de la biomasse sèche des arbres. Pour cette raison, ceux-ci constituent l'un des meilleurs outils de séquestration du carbone atmosphérique (stocké dans la biomasse). Les systèmes agroforestiers contribuent ainsi à la mitigation des effets du changement climatique par la séquestration du carbone dans la biomasse aérienne et souterraine des arbres présents dans les parcelles de production. Le tableau 11 présente le stock moyen de carbone par système de production et par localité.

**Tableau 11 :** Stocks moyens de carbone par système de production et par localité (en t/ha)

| P | Nteingué | | | Dschang | | | Djuttitsa | | |
|---|---|---|---|---|---|---|---|---|---|
| | Cc | C. V | Cf | Cf | C.V | J.C | Cf | J.C | H.V |
| 1 | 54,69 | 38,66 | 52,42 | 9,71 | 11,26 | 260,43 | 31,25 | 17,95 | 1368,33 |
| 2 | 85,56 | 25,68 | 58,13 | 21,28 | 293,8 | 17,94 | 11,05 | 147,84 | 374,13 |
| 3 | 45,42 | 55,06 | 36,39 | 18,39 | 12,38 | 10,58 | 23,64 | 105,27 | 26,66 |
| 4 | 50,29 | 8,099 | 54,96 | 22,75 | 40,9 | 18,83 | 5,66 | 21,6 | 127,44 |
| 5 | 80,26 | 33,52 | 42,92 | 21,01 | 45,77 | 135,85 | 15,74 | 24,7 | 373,57 |
| 6 | 70,27 | 81,78 | 40,73 | 15,35 | 50,29 | 3,71 | 12,25 | 68,2 | 350,88 |
| 7 | 55,89 | 6,82 | 41,54 | 25,52 | 9,89 | 125,92 | 40,39 | 38,33 | 314,13 |
| 8 | 59,27 | 27,38 | 36,62 | 0 | 11,82 | 34 | 12,68 | 15,11 | 439,02 |
| 9 | 80,98 | 17,32 | 39,08 | 0 | 48,39 | 5,28 | 18,07 | 28,88 | 280,86 |
| 10 | 89,07 | 28,09 | 56,88 | 0 | 55,26 | 8,2 | 15,42 | 7,38 | 0 |
| N | 6141 | 66 | 11025 | 7633 | 165 | 81 | 8914 | 66 | 278 |
| Total | 671,7 | 322,41 | 459,67 | 134,01 | 579,76 | 620,74 | 186,15 | 475,26 | 3655,02 |

**Légende :** P = Parcelles    CV = Champs vivriers    Cf = Caféiers

JC = Jardins de case    Cc = Cacaoyers    HV = Haies vives

N : Nombre de ligneux par système

En considérant le nombre d'observation des ligneux par système de production, on serait tenté de dire que plus il y a de ligneux plus le stock de carbone est élevé. Mais, les résultats du tableau 11 montrent que le stock de carbone n'est pas fonction du nombre de ligneux par système. Car l'on observe que les cacaoyères qui ont peu de ligneux (6141) conservent plus de carbone que les caféières qui ont 11025 ligneux. Par contre, les caféières de Djuttitsa avec 8914 ligneux conservent plus de carbone que les caféiers arabica de Dschang (7633 ligneux). Ceci peut être du à la variation du diamètre des arbres. En effet, selon les résultats du tableau 10, on se rend compte que, dans la zone de basse altitude les cacaoyères qui possèdent un grand nombre de gros arbres (16) conservent plus de carbone (671,7 t/ha) que les autres systèmes. De même dans les zones de moyenne et haute altitude, les jardins de case et les haies-vives qui possèdent un grand nombre de gros arbre conservent plus de carbone que les autres systèmes (respectivement 620,7 et 3655,02 t/ha). Cependant, en regardant la figure 2, on peut se rendre compte que la conservation du carbone n'est pas étroitement liée à la diversité des systèmes car les cacaoyères qui conservent une quantité élevée de carbone, possèdent une faible diversité par rapport aux autres systèmes. Dans la zone de haute altitude, les haies-vives qui ont une faible diversité conservent plus de carbone que les autres systèmes.

### 4.4.3. Stock moyen de carbone

La figure 4 présente les stocks moyens de carbone obtenus dans les différents systèmes de production.

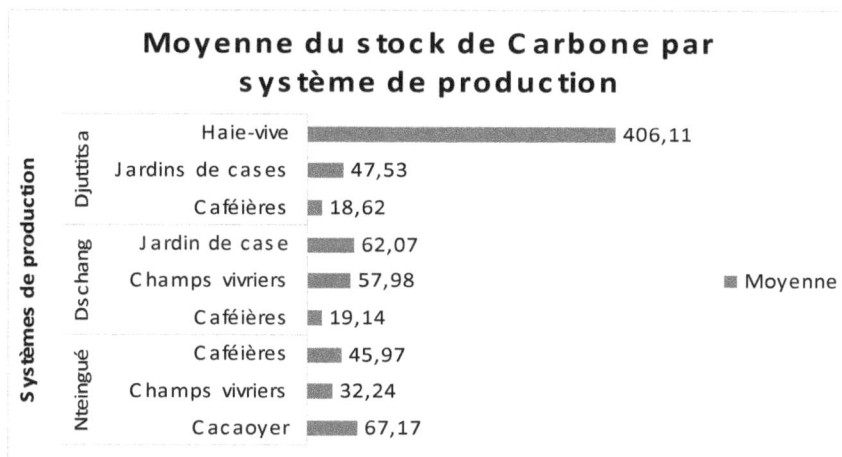

**Figure 4 :** Stocks moyens de carbone par système de production (t/ha)

Le tableau 12 présente les résultats d'analyse de variance des moyennes de stocks de carbone par système de production et par localité faite à l'aide du logiciel Genstat 12.1 et au seuil de 5 %.

**Tableau 12 :** Moyennes de stocks de carbone par système de production et par localité ($t_c$/ha)

| Système de production | Nteingué | | | Dschang | | | Djuttitsa | | |
|---|---|---|---|---|---|---|---|---|---|
| | Cc | CV | Cf | Cf | CV | JC | Cf | JC | HV |
| Moyennes | 67,17 | 32,24 | 45,97 | 19,14 | 57,98 | 62,07 | 18,61 | 47,53 | 406 |
| P | | 0,001 | | | 0,241 | | | 0,002 | |
| ES | | 7,56 | | | 35,9 | | | 98,2 | |

**Légende :** Cf = Caféières ;   JC = Jardin de case ;   CV = Champ vivriers ;
Cc = Cacaoyères ;  HV = Haies-vives ;  ES= Erreur Standard ;
P = Probabilité de signification

Du tableau 12, il  ressort que dans la zone de basse altitude, il y a une différence significative (P=0,001) entre les stocks de carbone des différents systèmes de production. L'on peut ainsi constater que les cacaoyères conservent plus de carbone que les autres systèmes de la zone. Dans la zone de moyenne altitude, il n'y a pas de différence significative entre le stock de carbone des différents systèmes (P=0,241). Cependant, dans la zone de haute altitude, les résultats montrent que les haies-vives stockent significativement plus de carbone que les jardins de case et les caféières (P=0,002).

Au regard de la figure 4, les cacaoyères conservent 67,17 t /ha avec 35,36 t/ha pour les pieds de cacao. Les valeurs obtenues dans notre étude pour les cacaoyères sont relativement inférieures à celles trouvées par Eyoho et *al.* (2008) dans les agroforêts à base de cacao au Sud Cameroun, où la cacaoyère conserve 73,6 t/ha pour 38,64 t/ha pour les pieds de cacaoyers. Cette différence peut être due à la faible richesse spécifique des arbres dans les cacaoyères de Nteingue. Par contre, Sonwa et *al.* (2002) trouve un stock total de carbone dans les cacaoyères du Sud-Cameroun de l'ordre de 179 t/ha. Les caféiers robusta piègent et conservent plus de carbone (45,97 t/ha et 30,82 t/ha pour les pieds de café) que les caféiers arabica des zones de Dschang et de Djuttitsa qui ont respectivement 19,14 t/ha et 18,62 t/ha. Les pieds de café conservent respectivement pour les mêmes zones 13,61 et 12,19 t/ha. Ce ci peut s'expliquer par le fait que les caféiers robusta sont des espèces très sciaphille. Cependant, Ousmanou (2006) a trouvé des valeurs inférieures où, les caféiers arabica conservent 2,5 t/ha et les caféiers robusta 2,09 t/ha dans le département du NDE. Cette différence peut être du au fait qu'il n'a pas tenu compte des pieds de café pourtant eux aussi conservent du carbone. Au vu des résultats, on peut dire que ces systèmes de production agroforestière contribuent à l'atténuation des effets du changement climatique par le stockage du carbone, et ainsi réduit les émissions de gaz à effet de serre comme le signale Torquebiau (2007). Ceci souligne la nécessité de protéger et de mieux gérer ces agroforêts pour piéger le carbone.

# Chapitre 5 : Conclusion et Recommandations

## 5.1. Conclusion

Au terme de cette investigation, il ressort que les systèmes de production agroforestiers du Département de la Ménoua sont riches et diversifiés. L'inventaire botanique a permis de recenser dans la zone de Nteingué 21 espèces pour 14 familles tandis que celles de Dschang et de Djuttitsa comptent respectivement, 20 et 15 espèces pour 16 et 12 familles. Ces espèces sont en majorité des fruitiers.

Les systèmes de production de Dschang sont plus diversifiés que ceux de Nteingué et de Djuttitsa. Les jardins de case de Dschang présentent un indice de diversité de Shannon élevé (2,94) par rapport aux jardins de case de Djuttitsa (2,42). Seules les variétés locales  non sélectionnés  sont reproduites et les producteurs n'ont pas accès à aux plants d'arbres améliorées. Les arbres jouent prioritairement un rôle alimentaire (41 %), médicinal (22 %) et pour l'ombrage (10 %). La promotion de la domestication des arbres permettrait dans une certaine mesure d'améliorer les conditions de vie des producteurs. Les différents systèmes identifiés conservent et piègent du carbone. La variation du stock de carbone entreprise dans la présente étude montre que les haies-vives conservent plus de carbone (406,11tc/ha) que les autre systèmes. Les caféiers robusta de Nteingué piègent et conservent plus de carbone (45,97$t_c$/ha) que les caféiers arabica de Dschang et Djuttitsa qui ont respectivement 19,14 et 18,61 $t_c$/ha. Ce faisant, ces différents systèmes contribuent à la mitigation des effets du changement climatique.

## 5.2. Recommandations

A la lumière des résultats, il est recommandé :

⇒ Aux paysans d'intensifier leur effort d'intégration d'arbres et de densifier leur exploitation afin de diversifier et d'augmenter leurs revenus ;

⇒ Aux institutions de recherche de vulgariser les techniques de domestication des arbres et de mettre à la disposition des paysans de la zone des espèces agroforestières améliorées et les techniques appropriées de gestion des arbres associés aux cultures, de mener des études similaires dans d'autres régions et d'autres systèmes de production en prenant en compte non seulement le carbone aérien mais aussi déterminer le stock moyen de carbone contenu dans la partie souterraine afin de pouvoir dire avec exactitude le système qui conserve plus de carbone et ;

⇒ Aux services forestier et agricole de promouvoir la mise en place des arbres notamment les fruitiers dans les parcelles de productions ;

⇒ A la communauté internationale d'inscrire les systèmes agroforestiers dans le Mécanisme pour le Développement Propre (MDP) afin que les producteurs puissent bénéficier des crédits mise à disposition pour la promotion des actions visant à réduire les gaz à effet de serre.

# Bibliographie

**Almaric N., Brezillon M. et Faia C.** 2008. *Le système agroforestier. In* La vulgarisation de l'agro-écologie : De la théorie au terrain. Article 5 P.

**Beer J., Ibrahim M., Somarriba E. et Leakey R. 2001.** Etablissement et gestion des arbres dans les systèmes agroforestiers. 242p

**Bognounou O.** 1994. Visite d'étude sur l'agroforesterie. CTA, 136p.

**Brown S.** 1995. Rôles actuel et futur de la forêt dans le débat sur le changement climatique mondiale.– Influences forestières. Archive FAO, *Unasylva* 185: 38 – 48.

**Brown S, et Pearson T.,** 2005. Guide de mesure et de suivi du carbone dans les forêts et prairies herbeuses. Winrock International. 39p.

**CEREHT,** 2007. Nouvelle division administrative de la Ménoua. Centre de Recherche sur les Hautes Terres. Faculté des Lettres et des Sciences Humaines, Université de Dschang. PP 23.

**CIFOR,** 2007. In Africa the heat beats on a view from west and central Africa. *CIFOR* News n°44. 11p.

**Dalliére C. et Dounias E.,** 1998. Agroforêt caféières et cacaoyères des Tikar (Cameroun central) structures, dynamique et alternative de developpement. *In séminaire FORAFRI de libreville- session 3 : produit de la forêt.* 27p

**Djongang O.** 2004. Fonction séculaire de l'arbre et dynamique actuelle en Afrique Subsaharienne : cas du pays Bamiléké dans l'Ouest Camerounais. *Actes du séminaire « Etape de recherche en paysage »* N°6, Ecole nationale supérieure du paysage, Versailles. Pp : 19 – 29.

**Dondjang J.P.** 2006. Cours d'agroforesterie pour l'enseignement à distance. *PED FASA Université de Dschang.* 57p.

**Eyoho N., Sonwa D., Weise S. et Nkongmeck B.** 2008. Stock de carbone dans les agroforêts cacao de la zone de kumba (Sud-Oest Cameroun). *Actes de la quinzième conférence annuelle des Biosciences à l'université de Yaoundé I du 04-06, Décembre 2008.* Pp : 22 – 47.

**FAO**, 2001. Les produits forestiers non ligneux comestibles, utilisés dans les pays africains francophones. *FAO-Non-Wood News.* N° 8. 50p.

**FAO,** 2007. Changement climatique et sécurité alimentaire : un document cadre. *Rapport du groupe de travail interdépartemental sur le changement climatique,* Rome. Pp : 24-25.

**FAO,** 2008. Climate change adaptation and mitigation in the food and agriculture sector. *High Level Conference on World Food Security - Background Paper HLC/08/BAK/1.* FAO. 42 P.

**Fongnzossie F.E., Tsabang N., Nkongmeneck B.A., Nguenang G.M., Auzel P., Christina E., Kamou E., Balouma J.M., Apalo P., Halford, M., Valbuena , M., et Valère M**. 2008. Les peuplements d'arbres du sanctuaire à gorilles de Mengamé au sud Cameroun. *Tropical Conservation Science* **1** (3):204-221.

**Gama G et FrancisF.,** 2008. Etude de la biodiversité entomologique d'un milieu humide aménagé : site de wachnet. In Entomologie faunistique, **61**(2) :33- 42.

**Gautier D.** 1989.Connaissance et pratique agroforestières d'une communauté rurale. Exemple de la chefferie de Bafou (Ouest-Cameroun). *Mémoire ESAT*, Montpellier. 98p.

**Gautier D.** 1994. L'Eucalyptus moteur de l'innovation paysanne sur les hautes terres d'Afrique. *Arbre, Forêt et communautés Rurales.* N°6, 22 P.

**Gautier D.** 1994. L'appropriation des ressources ligneuses en pays Bamiléké. *Bois et forêts des Tropiques,* CIRAD- Forêt., 240;15-27.

**GEIC,** 2007. Bilan des changements climatiques : l'atténuation des changements climatiques. *Quatrième rapport d'évaluation*.36p.

**Grall J. et Hily C.,** 2003. Traitement des données stationnelles (faune). 10p

**Henk B. et Kessler jan-joost.** 1998. Le rôle des ligneux dans les agro-écosystèmes des régions semi-arides. 121p.

**Jouve P.** 2004. Transition agraire et résilience des sociétés rurales. *Courrier de l'environnement de l'INRA* n°52. 48p.

**Kamga A.** 2002. Crise économique, retour des migrants et évolution du système agraire sur les versants oriental et méridional des monts bamboutos (Ouest Cameroun). *Thèse de doctorat*: Université de Toulouse-Le Mirail. Ecole Nationale de formation agronomique, 311p.

**Karsenty A. et Blanco C.** 2002. Les instruments de la convention cadre sur les changements climatiques et leur potentiel pour le développement durable de l'Afrique. *Réseau Action Climat France. Document de travail*- FOPW/02/1. 220p.

**Konig D.** 2007. Contribution de l'agroforesterie à la conservation de la fertilité des sols et à la lutte contre le réchauffement climatique au Rwanda. *Actes des JSIRAUF*, Hanoi, 6-9 novembre 2007. Pp 17-22.

**Kpèrkouma W., Sinsin B., Kudzo A., Kouami K. et Koffi A.** 2005. Typologie et structure des parcs agroforestiers dans la préfecture de Doufelgou (Togo). *Secheress, vol* 16, n°3. PP 209-216.

**Leakey.** 1996. Definition of agroforestry revisited. *Agroforestry Today* **8** (1) : 5-7.

**Lescuyer G. et Locatelli B.** 1999. Rôle et valeur des forêts tropicales dans le changement climatique CIRAD-forêt. *Bois et forêt des tropiques.* 260 : 5-18.

**MacIver D. C.** 1997. Aménagement et protection des forêts et changement climatique. *Etude FAO, Forêt : l'aménagement durable des forêts.* n°122. Rome. 65 p.

---

**Nation Unis**, 1992. Convention – cadre sur les changements climatiques.19p.

**Nembot C.** 2007.Contribution des systèmes agroforestiers à la préservation de la biodiversité et à la lutte contre le réchauffement climatique : cas des haies vives du groupement Baleng *(Mifi)*. Mémoire de fin d'étude. Université de Dschang. 36p

**Njoukam R., Temgoua L.F., Peltier R.** 2008. Dans l'Ouest-Cameroun, les Paysans ont Conservé les Arbres dans Leurs Champs, Pendant que L'Etat Laissait Brûler Ses Réserves. In : *International IUFRO Conference on Traditional Forest-related Knowledge and Sustainable Forest Management in Africa, 14-17 October 2008, Accra, Ghana.* s.l. : s.n., [14] p. Publié par Peltier Ragen du CIRAD, 2007.

**Nouvellet Y.** 1992. L'arbre au centre de la vie de FARA-Poura (Burkina Faso). *Le Flamboyant* 21 : 9-13.

**Okafor, J.,** 1995. Conservation and use of traditional vegetables from woody forest species in Southeastern Nigeria: Promoting the conservation and use of under utilized and neglected crops. *Traditional African vegetables.* Proceedings of the IPGRI International Workshop on Genetic Resources of Traditional vegetables in Africa: Conservation and use 29 - 31 August. ICRAF. Nairobi, Kenya.

**Okafor J.** 1999. La contribution du savoir des exploitants agricoles à la recherche sur les produits forestiers non ligneux. *In :* FAO : *recherches actuelles et perspectives pour la conservation et le développement.* Rome, 1999. 167p.

**Ousmanou P.** 2006. Structure et fonctionnement des jardins de case à base de caféiers dans les zones humides du Cameroun : cas des départements de Koung-khi, Bamboutos et du Ndé. *Mémoire de fin d'étude.* FASA, Université de Dschang, Cameroun 50p.

**Oxfam.** 2007. L'adaptation aux changements climatiques. Document d'information n°104.*Oxfam international.* 38p.

**Peter O. A. et Elijah A. W.** 1988. Tropical rain forest three species with agroforestry potential.

**Puig H., Retiere A. et Salaun P.** 1993. L'arbre dans les systèmes culturaux des tropiques humides : acquis et lacune. *Compte rendu de fin d'études.* 65p.

**Renoir S.** 2006. Fonctionnement et conduite des systèmes de culture tropicaux et méditerranéens. *Unité mixte de recherche du CIRAD, INRA, Sub agro* Montpellier. 127p.

**Ronak et Niranjan.** 2009. Des pratiques traditionnelles améliorées pour s'adapter aux changements climatiques : *changement climatique entre résilience et résistance, Revue sur l'agriculture durable à faible apport externes AGRIDAPE;* vol 24 n°4.Pp 39.

**SCUC. 2006.** Safou: *Dacryodes edulis,* Manuel du vulgarisateur n° 3, *Southampton, UK. Chichester, UK.*45p.

**Sebban S.** 2008. *Innové pour le développement durable participatif dans les pays du Sud.* In Pro-nature International. 11p.

**Sonwa D., Weise S., Tchatat M., Ndoye O. et Gockowski J.** 2001. *Rôle des agroforêts cacao dans la foresterie paysanne et communautaire au Sud – Cameroun. Réseau de Foresterie pour le Développement Rural.* N° 25. 11p.

**Sonwa D, Weise S, Ndoye O** et **Janssens M,** 2002. Initiatives endogènes d'intensification et de diversification à l'intérieur des agroforêts-cacao au Sud-Cameroun: leçons pour une foresterie participative dans les systèmes à base de cultures pérennes en Afrique centrale et de l'Ouest. In *deuxième atelier international sur la foresterie participative en afrique.* 407-414

**Spore.** 2008. *Changements climatiques.* N° hors-série, Août 2008. 23p.

**Tchoundjeu Z ., Asaah E., Degrande A., Tsobeng A. C., Mpeck L. M et Eyebe A**. 2008. La domestication des arbres agroforestiers, module 1: Techniques de multiplication de arbres agroforestiers. In farmer enterprise development. ICRAF- West and Central Africa (Ed): 23p.

**Torquebiau E**. 2007. L'agroforesterie des arbres et des champs. CIRAD - l'harmattan. PP 151-154.

**Tim motis**. 2007. Principes d'agroforesterie. *ECHO Note Technique*. 12p

⇒ **Sites Webs consultés**

1) ftp://ftp.fao.org/docrep/fao/meeting/013/ai782e.pdf

2) http://www.echonet.org/

3) http://www.agroforesterie.fr/definition-agroforesterie.pdf.

4) http://www.agora21.org/cccc/texte.html

5) http://www.agora21.org/cccc/texte.html

6) http://spore.cta

7) http://herbaria.plants.ox.ac.uk/adc/downloads/capitulos_espe cies_y_anexos/c6_arbres **systemes agroforestiers** FR.pd f

# Annexes

## Annexe 1 : Fiche d'inventaire

### FICHE D'INVENTAIRE

**Fiche N°**……………..

**Date**…………………..     Région :……………    Localité……………………

Nom de l'exploitant……… ……………………………………………..

### 1- Caractérisation du système d'exploitation

- les espèces agricoles associées :

……………………………………………………………………………………

- Surface de la parcelle (m$^2$) :………………………………………………

### 2- Type d'exploitation :

Caféier        Jardins de case,     Champs agricoles

Parcelle boisée              Parcours pour bétail

### 3- Inventaire des arbres

| N° de l'arbre | Nom local/commun/pilote | Noms scientifiques | Diamètre des arbres | Produits/ services | Utilisation | Période de production |
|---|---|---|---|---|---|---|
|  |  |  |  |  |  |  |
|  |  |  |  |  |  |  |
|  |  |  |  |  |  |  |
|  |  |  |  |  |  |  |

**Annexe 2 : Fiche d'enquête**

**Enquête au sein des ménages**

**Fiche n° :** ........................      **Date :** ...........................

Région : ........................      Localité : ........................

Nom de l'enquêté : ...........................................

**I.     Caractéristique générale de enquêté (e)**

1.1. Place au sein du ménage :  Chef     Epouse     Fils/Fille ainé (e)

1.2. Sexe :    M       F

1.3. Age :

1.4. Niveau d'éducation :

    Primaire         Secondaire      Supérieur

1.5. Situation matrimoniale :

    Marié      Célibataire      Divorcé     Veuf (ve)

1.6. Taille du ménage : Nombre de femmes.......      Enfants.........

**II- Source de revenus du ménage**

2.1. Quelle est votre principale activité ?

    Agriculture    Elevage    Commerce    Pêche     Artisanat

    Autres (préciser)......

2.2. Quel est le revenu annuel du ménage ?

    o  50 000 - 100 000        100 000 – 200 000

    o  200 000 - 300 000       Plus de 300 000 FCFA

2.3. Quelle est la part des revenus issus des produits des arbres (Unité en terme de panier, sacs et le seau ?

| Espèces | Quantité produits/an | Quantité vendue | Estimation des revenus générés |
|---------|----------------------|-----------------|-------------------------------|
|         |                      |                 |                               |
|         |                      |                 |                               |
|         |                      |                 |                               |

**III- Mode de gestion des arbres**

3.1. Combien de champs avez-vous ?...........................................................

3.2. Comment les avez-vous obtenu : Héritage    Don    Achat

3.3.    Avez-vous contribué à l'installation des arbres dans ce champ :
    oui    Non

3.4. Si oui qu'est ce qui a motivé le choix des arbres plantés dans la parcelle ? (Classer par ordre d'importance ces raisons)
    o  Importance économique des produits de l'arbre
    o  Usage domestique des produits
    o  Importance socio-culturelle
    o  Délimitation de ma parcelle
    o  Autres services ou produits (à préciser)

3.5.    Quels membres du ménage s'occupent de la plantation et de l'entretien des arbres dans le champ ?
...............................................................................................................

3.6. Quels membres du ménage s'occupent de la récolte et du conditionnement des produits ?
...............................................................................................................

3.7. Quels membres du ménage s'occupent de la vente des produits ?
...............................................................................................................

3.8. Quels sont les espèces d'arbres que vous introduisez régulièrement dans le champ ?

| Espèces | Type de plants utilisés (semis, sauvageons, marcottes, bouturés, greffe | Mode d'acquisition des plants | Nombre de plants introduits ces cinq dernières années |
|---|---|---|---|
| | | | |
| | | | |
| | | | |
| | | | |

3.9. Quelles sont vos principales contraintes (problèmes) pour la gestion de ces arbres :

- o Manque de plants
- o Faible taux de survie et faible croissance des plants
- o Mauvaise production ou production tardive
- o Baisse des rendements des cultures associées
- o Autres (à spécifier):

...............................................................................................................

...............................................................................................................

*Merci pour votre collaboration !*

www.ingramcontent.com/pod-product-compliance
Lightning Source LLC
Chambersburg PA
CBHW021606210326
41599CB00010B/629